チャランケ物語

富士フイルム変革「敗戦」記

ミドルが仕掛ける企業変革

神谷 隆史

大西洋の風を聞く：
チャランケ・ツアーのコンダクターひとり言

伊丹敬之
国際大学学長・一橋大学名誉教授

神谷さんがチャランケという「ミドルが仕掛ける企業変革」のグループ（技術戦略研究会）の顛末を書く本を出されるということで、原稿を送ってくださった。素晴らしい内容に仕上がっている。変革を仕掛けた初期目的の直接的な達成だけを考えれば、敗戦の物語ではある。しかし、じつは間接的な影響がかなり大きくかつ深いグループ活動だった。その活動自体は30年ほど昔の話なのだが、しかし今でも、その「敗戦」までのプロセスでの思考の経緯とグループ活動が残したもの、その両方を語り継ぐことには大きな意義がある。

企業の変革プロセスを考えたい人に、技術戦略のあるべき姿を考えたい人に、そして組織の中で変革の声をあげるミドルたちがどんな経験を実際にするのかを知りたい人に、この本は大いに参考になるであろう。何より、詳細な現場の話が詰まっているのが類書にない特徴である。今もおそらく多くの日本企業で変わらない、「実感」に溢れている。しかしこの本はたんなる実録物語ではなく、要所にちりばめられたより抽象的な振り返りや整理の部分が深いことを伝えているのも、いい。

じつは私も、本文に私自身がたびたび登場しているように、その「敗戦」の戦友の一人である。チャランケ・グループの形成のきっかけとなった企業内研修の講師として、またグループの議論のファシリテーターとして、私自身が長くこの変革プロジェクトに参加し続けたのである。技術が専門でもない経営学者が一つの企業の中の技術戦略の変革プロセスにこれほど深く関係することは、滅多にないだろう。私にとっても、貴重な経験であった。

もちろん、グループの議論の主体はこの本に登場するメンバーたちである。私は、大まかな議論の方向を提案し、ときに議論の整理とドライブのための発言をするだけの存在だった。いわば、大まかなこと専門のツアーコンダクターのようなものだった。実際の議論という名のツアーの細かいコンダクターは、神谷さんと宮原さんだった。

「チャランケ」とはアイヌの言葉で「酋長たちの集まり」を意味するのだが、この言葉に私たちが出会った北海道流氷旅行を言い出したのは、私だったと思う。こんなアイデアにすぐに皆が賛成するという乗りのグループだったからか、ごく初期でのいいペースセッティングになった旅行だった。このころから私は、旅行についても大まか専門のツアーコンダクターという役割だったようだ。

私自身のチャランケグループの議論への参加は、二つのチャランケレポートの内の第一レポートの頃で本格的には終わった。しかしそれ以降もメンバーとのお付き合いは続き、「人が行きそうもないところへの海外旅行」にみんなでたびたび行った。その大まかツアーコンダクターをやるのも私の役割だった。平成元年の大喪の礼の最中の中国・雲南省への旅を皮切りに、ベルリンの壁崩壊直後のドイツ・ポーランドの旅、ベネチアからイスタンブールまでの旅、モロッコからスペイン・ポルトガルへの旅、アイスランド・グリーンランドの旅、アイルランド・アラン島の旅、と世界の「果て」の各地に家族づれで旅行にいった。

そしてその旅ごとに、「次の旅は何をコンセプトにするか」とみんなが私に聞いてきた。技術戦略研究会としてのチャランケで、つねに中心になるコンセプトをみんなが議論したがったのと同じである。技術の核、事業ドメインのコンセプト、など一見すると抽象的に見えることがしっかりと概念整理され、それが共有されていると、現実のディテールの中で何を大切にしなければならないかが見えてくる、とみんなが肌で感じていたのであろう。

「大西洋の風を聞く」というこの文章のタイトルは、モロッコからスペイン・ポルトガルの旅のコンセプトである。はるかな大西洋の風をさまざまな場所で「聞く」ために、北アフリカからイベリア半島の西北端まで、大西洋岸を南北にわたって訪れたのである。モロッコのカサブランカを出発点に、モロッコの京都・フェズ、タンジール、英領ジブラルタル、セビリア、北スペインの聖地・サンチャゴデコンポステーラ、リスボン、と回り、終着点はヨーロッパ大陸最西端のロカ岬であった。コンセプトにこだわり、それを実現しようとすると、こんな一見は妙な、しかし自分たちには自然な旅程になる。

「大西洋の風を聞く」をこの文章のタイトルにしたもう一つの理由は、そんな「妙なことをやってみたい」という好奇心をグループのメンバーが大切にしていたからである。モロッコ・スペイン旅行だけではない。チャランケのすべての旅は、好奇心の旅であった。ベネチアからイスタンブールへの旅の中でブルガリアのソフィアを訪ねたとき、ホテルの前で「個人の体重を量る」というサービスを売っている光景に出くわした。なぜそんなサービスが成立するのかよく分からなかったが、みんなで熱心に見ていた。こうした妙なできごとに出会うことが人の思考を刺激し、日常的なストレスから自分を別な場所へ運んでくれることを、チャランケのメンバーは大切にしていたのだろうと思う。

コンセプトにこだわり、しかし現実のディテールも大切にする。そして、未来への好奇心を健全に持って、視野を広く持つ。そんなタイプの人たちのグループが、なんとか自分の会社をよくしたい、という思いだけを出発点に企業変革のプロセスに自ら乗り出した。この本はその全行程の記録である。広く読まれることを、心から願いたい。

はじめに

本書は、筆者である神谷が勤務していた富士写真フイルム株式会社(現富士フイルム)において、1987年9月から4年以上に亘って活動した「技術戦略研究会(＊通称チャランケ)」とメンバーのその後の「突出行動」を主題に、会社の将来に強い危機感を持ちながらも閉塞感や無力感に悩むミドル層へのエールとして書いたものである。最後まで残っていたメンバーが一昨年退職したことを機に、活字に残しておこうと決心した。

(1)　富士フイルム1987年

時は写真感光材料の全盛期。富士フイルムは史上最高水準の利益を記録し、世間では超優良企業とされていた。しかし、多くの心ある部長層や課長層は、会社の将来に強い危機感を抱いていた。業務用分野(印刷・医療)において、エレクトロニック・イメージング(EI)が少しずつ台頭してきており、印刷用のリスフィルムや医療用Xレイフィルムにかげりが見えていた。銀塩感材の栄華がいつまでも続くのだろうかという不安に加え、主力事業は成熟し、新規事業が育っていなかった。それに対して、打たれている方策は短期業績偏重で、経費や人員抑制。技術領域は拡散し、不得意領域に入り込んでいることを肌身で感じていたからだ。そして、社内には閉塞感と無力感が漂っていた。その底流には経営陣と部課長層の風通しの悪さがあり、世間的な超優良企業との評価とは裏腹に、社内は暗かった。

当時(1987)の富士フイルムの経営データを見ると、単独売上高6,800億円、営業利益1,150億円、売上高営業利益率16.9%と、超高収益を誇っていた(**表1**)。製品別販売比率(**図1**)で見ると、フイルム(一般用、

表1｜売上高・営業利益推移

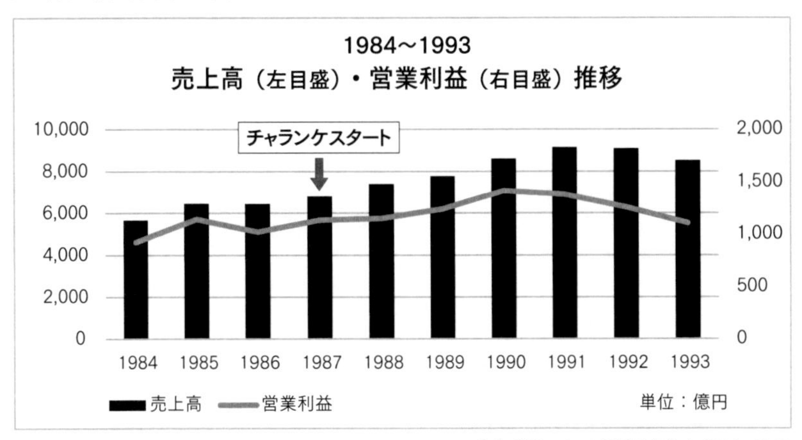

出典：富士フイルム最近10年社史 1984～1993

図1｜1987年　製品別販売比率

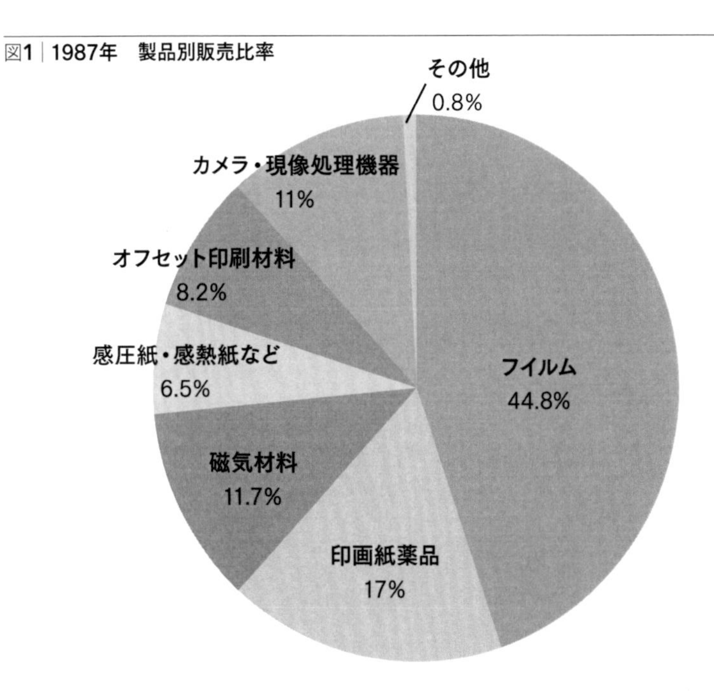

出典：富士フイルム最近10年社史 1984～1993

医療用、印刷用など）44.8％、印画紙薬品17％と銀塩感光材料関連が60％以上を占めていた。さらにカメラ・現像機器が11％と、銀塩写真システム関連だけで70％を超える売上げで、利益の大半はフイルムが生み出していた。

フイルム以外の塗布技術をテコにした多角化事業である磁気材料（ビデオ／オーディオテープ、コンピュータメディア）11.7％、情報記録紙（感圧紙、感熱紙など）6.5％、オフセット印刷材料など8.2％、これらは非銀塩材料と呼ばれた。磁気材料や情報記録紙は1963年、オフセット印刷材料（PS版）は1965年に参入したもので、20年以上にわたり大きな事業が育っておらず、社内には焦りやいら立ちが募っていた。

1981年にはソニーからCCDで捉えた画像を2インチのフロッピーディスクに記録するアナログ電子スチルカメラのマビカ試作機が発表されており、民生用分野でもフイルムが駆逐される時代が来るのではないかと、将来への漠然とした危機感が存在していた。

しかし、電子スチルカメラは銀塩に比べ画質が悪く、フロッピーディスクの容量の問題もあり、民生市場はなかなか立ち上がらなかった。1987年にカシオから初の民生用電子スチルカメラ“VS-101”が発売されたが、惨憺たる結果に終わった。社内では「銀塩不滅論」は依然として大きな影響力を持ち続けた。1987年、ハロゲン化銀を一貫して追究してきた研究部長が、部長研修で「銀塩不滅論」をぶち上げた場面が記憶に蘇る。説得力に満ちており、参加者は感動に包まれた。銀塩写真の将来予測は困難であり、「銀塩は不滅であって欲しい」と願う部長層の心に響いたのだろう。当時は「民生用市場では、銀塩感材が侵食されたとしてもごく一部」という認識が大勢を占めていた。

銀塩感材衰退の予兆に、経営陣が手をこまねいていたわけではない。エレクトロニック・イメージング（EI）時代の到来に備え、医療用や印刷システムなどの業務用EIシステム機器である機器事業を強化し、さらに、電子映像事業（民生用市場）に本格参入するため、研究所を設け固体イメージセンサー（CCD）に着手していた。また、いち早くEIに駆逐された銀塩の８mmカメラシステムの市場防衛のため、1985年にはソニーからOEM供給を受け８mmビデオ事業に進出して、1988年には世界初のデジタルスチルカメラ（FUJIX DS-1P）を発表する。電子映像事業は、市場防衛という観点から打たれた「市場ドリブン戦略」であったが、来るべきEI時代への備えはしていた。

エレクトロニック・イメージング（EI）とは

イメージングシステムは、被写体を撮影するセンシング、その情報を記憶し処理するメモリーとプロセシング、および画像を目的に応じて再生するリプロダクション・ディスプレーの３つのステップから成っている。銀塩写真はこれを一元的に処理することに特徴があり、EIは画像情報をシリアルな電気信号として入出力、処理、記憶するシステムでその機能が分化している。技術的には全く異なる。

（2）　ミドルが仕掛けた「企業変革」

本書は、技術系課長層12名のアウトサイダー『辺境・何とかしなきゃ集団』による、「全社技術戦略」を中核とした企業変革の『戦い』の物語である（ファシリテーターとして一橋大学伊丹敬之教授が参加していた）。当初は戦っている実感はなかった。会社の将来を論理の道筋を追いながら真剣に考え、ミドルの悲鳴と提案を経営陣に理解して欲しかった。だが、壁にぶつかり、問題の本質が浮かび上がってくると、「変革」とは何を変えることなのか、なぜ会社は変わらないのか、深く考えさせられることになる。そして「これは戦いかもしれない」と考えるようになった。

平均年齢41〜42歳の「企業変革の戦い」「不平不満を言っても始まらない、俺たちがやるんだ」が基本スタンスだった。

初期の問題意識は、技術的に不得意な領域に戦線が拡がっている、新規事業が育たない、タネも蒔かれていない、技術現場が疲弊している、銀塩フイルムが衰退していく予兆がある中で、このままでは将来は描けない。それに対し、経営サイドは営業には高いシェアと販売目標を、技術には早急な競合品の開発と経費節減を要求するばかり。適切な手を打っていると思えないということだった。現場に根を下ろしているミドルだからこその実感だ。だが、両者の思いはすれ違う。社内の雰囲気は暗くなるばかりだった。なぜなのか。

そして、苦闘の中で、メンバーはどう動き、何を感じ、何が残ったのか。

2000年代前半に入ると、歴史的な規模とスピードで写真感材事業が崩壊を始め、その消滅はあっという間に現実となり始めていた。

しかし、会社は、そう簡単には変わらない。

時は移り、現在の富士フイルムは大きな混乱もなく、経営の舳先を"ヘルスケア"の方向に向けているように見える。その新しい道が正しいかどうかは歴史が決めることであるが、主力事業消滅のあおりを受け、世界の覇者であったコダックは経営破たん、コニカはミノルタとの経営統合の道を歩んだ。

神谷は2003年に退職。戦略人材開発研究所所長、東京理科大学教授として、技術経営のフィールドでミドル層や経営幹部候補者の人材育成に携わってきた。

時にゼミメンバーや主催研修参加者に、チャランケの活動やレポートを紹介したが、「(平均41〜42歳という)若いメンバーが」「これだけのこと(全社技術戦略を経営陣に提起する)を」「長期間にわたって」「よく頑張れましたね。やれましたね」という賞賛をいただいた。チャランケの活動やレポートの中に、今の若い世代にも通じる、行動原理、思考原理があり、それが彼らの胸を打った気がした。

私たちの経験が、現代の若きエンジニア、研究開発に携わるミドルの人々にとって意味あるものなら、それを語り継いでいくことが先人の務めであり、使命ではないだろうか。

＊チャランケ：アイヌの言葉で、部落の酋長の集まり、議論を尽くす、という意。発足後半年の1988年厳冬の2月、活動が行き詰ったそのときに、「転機を求めて、流氷の上で考えよう」と全員で冬の網走、知床、納沙布などオホーツク海沿岸を旅した。そこでこの言葉に出会い、それ以降、グループ名をチャランケと名乗った。語感のよさも手伝い、社内では正式名称として使われるようになった。

目次

第VI部
チャランケが残したもの

第VII部
戦うミドルのために

第 I 部

チャランケ前夜

第1章 統括部長全員対象『経営戦略研修』

チャランケがスタートする前、1987年7月から統括部長層全員100名を対象とした『部長経営戦略研修』が始まっていた。チャランケ前夜である。主任講師はチャランケのファシリテーターもお願いした伊丹敬之（当時一橋大学商学部教授）が務めた。

◉──（1）人事部人材開発・組織開発担当の悩み

1986年春、人事部人材開発・組織開発グループの担当課長であった神谷（当時38才）と同僚乗井（44才）は悩んでいた。1970年代半ばから営々と築いてきた教育システムが壁にぶつかっていた。経営多角化を目指して展開されてきた新規事業が軌道に乗らず、感光材料（写真フイルムや印画紙、以下感材）依存構造から脱却できない。感材体質と呼ばれる「石橋を叩いても渡らない」という企業カルチャーがなかなか変わっていかない。加えて社内の風通しの悪さが歪みを生み始めているなど、「企業体質の強化」を旗頭に必死でやってきたことが、とうてい実を結ぶとは思えなくなっていた。財務的には超優良企業を誇っていたが、二人の目には明らかな曲がり角に見えた。人事部の人材開発担当という立場で何ができるのか、何をしなければならないのか……。

悩んだ末の二人の結論は、経営に対して責任ある立場であり、次の経営を担う部長層に対し、経営戦略研修を実施することであった。

◉──（2）それまでの教育方針：「人と組織の活性化を通じて企業体質の強化を図る」

二人は、一人ひとりを徹底的に鍛えていくことが組織の活性化につながり、個々の組織が活性化すれば、企業は活性化するはずと信じ、年間150日もの合宿研修の生活を送っていた。当時、人事部が注力していた主な研修は次の通りである。

共通しているのは、

①「個々人を鍛えれば職場が活性化し、職場が活性化すれば企業が活性化する」という論理に基づいている。後になってわかったことだが、その論理には明らかな誤謬があった。適切な企業戦略、事業戦略が示されないと、組織や個人は活性化しないのだ。

②"What"を生み出す人材の育成ではなく、"How"に卓越した人材を育成するプログラムで、戦略思考を鍛えるものではない。

◇MDP(Membership Development Program)

課長昇格前の全員を対象として360度評価による「リーダーシップ」と「課題中心の姿勢」を強化する目的で、深い自己洞察を図るプログラム。組織の基盤強化や個々人の行動変容という意味では、かなりの効果はあったが、経営課題の解決につながるものではなかった。

◇OD(組織開発Organization Development)

組織内の目標の共有化やコミュニケーション良化を通じて、組織目標の遂行に寄与するもので、人事部の役割は「メンバー間の話し合いがオープンかつ課題中心に進むためのファシリテーター」であり、「場づくり」に主体を置きつつ、組織活性化を図ろうとするもの。職場のタスクが比較的明確な工場部門などでは効果があったが、タスクそのものを明確にする必要がある研究所などでは、効果が乏しかった。

◇KT法(ケプナートリゴー)

状況を論理的に分析していく能力を強化する技法。従来のヒューマンスキル研修に消極的であった営業部門に広がりを見せた。また原因分析のプロセスについては、工場、研究所で受け入れられ、個々の課題解決に役立つという評価を受けていた。ただ、「現状を論理的に分析する」ことは、「現状から飛べない」ことにもつながっていた。

◉──(3) 部長対象『経営戦略研修』の企画・実施

1. 伊丹との出会い

神谷はいろいろなセミナーを受講し、経営書を読む中で、大学同期であった神戸大学経営学部の加護野助教授(当時)に会いたいと思うようになった。チャンスを得て「部長研修をやりたいのだが」と相談したら、加護野の返事は「神谷さん、辞表を持ってやる気がありますか」ということだった。一瞬、戸惑ってから、「それは大丈夫です」と答えたが、このやり取りの意味がわかってきたのは、1年以上も後のことであった。最終的には、「神戸は遠すぎる」ということで、一橋大学の伊丹と、伊丹のもと支店長研修を実施した野村マネジメントスクールの田辺を紹介された。「研修は単なる能力開発ではなく、企業革新の武器として、トップの強い意思に沿って行うべき。Theoretical Coreがしっかりした講師団の指導力が第一」、田辺の話は刺激に満ちていた。

そして、86年10月、乗井と神谷は初めて伊丹と霞ヶ関の喫茶店で会い、二人の問題意識を縷々話した。なかなか軌道に乗らない新規事業、経営層とミドル間を中心とした社内の風通しの問題、主力事業の成熟化、グローバル体制整備の遅れなど。「だから、部長層の戦略能力を強化する研修を実施したい」という思いをぶつけた。伊丹の反応は「そういう状況なら、部長層の能力開発をやっても無駄ですよ」。経営陣と部長層の噛み合わせの悪さを置いたまま、部長研修をやっても空回りするだけで、むしろ本質は別のところにある、ということのようだった。二人は人事部の人材開発担当は何ができるのかと困惑していると「そう言われても、お困りでしょうね」。全くその通り。「一緒に考えましょうか……」。救われた思いがした。

伊丹は「富士フイルムの企業革新に最終ターゲットを置くべき」と言う。部長層の能力開発を通じての体質強化ではないという。そのため、

① 統括部長（100名）は全員参加させること　② これまでの研修とは違うというメッセージを送ることができる規模であること（Step1は6日、Step2は7日程度を想定）　③ Step1では富士フイルムの企業革新の「テコ」は何かをスカウトする場として設定する。そして部長層のパワーを結集して経営陣を動かし、企業革新を迫っていくこと、などの大枠が示された。というものの、対象は100名なので、全く同じセッションを25名ずつ4回開催することになり、これほどの規模で研修が本当にできるのだろうか、ましてや「企業革新」などはまだまだ半信半疑だった。

2．社内のオーソライズ

この話をストレートに上司の人事部長にぶつけると、及び腰になるのは見えていた。したがって、機が熟すまで、本当の狙いは伏せておくこととした。あくまで「戦略能力の強化」で押し通そうというのである。とはいえ、このプロジェクトの規模からいっても、トップの了解が必要である。そのためには、人事部長に、会社の将来にとってのこの研修の重要性を充分に認識してもらい、トップに対して強く働きかけてもらうことが必要なのは明らかだった。伊丹と人事部長との会談は大成功だった。「具体案を早く立てて、社長室長と社長に話をもっていく」ことになった。当時人事部は常務取締役社長室長の管掌下にあったことに加え、社長室長は経営企画部長も兼務していたキーマンだった。この研修は、一歩間違えば「経営批判」と受け取られる危険性をはらんでいるし、社長自身が自らの意思で「この研修をやりたい、やるべき」と考えているわけではない。それどころか日頃の発言からは「研修」の持つ可能性にはネガティブではないかと推測された。

社長室長と人事部長が社長に説明している時間は、乗井と神谷には2倍にも3倍にも長く感じられるものであった。

結論としては、実施可となった。ただ、社長がどのような思いでOKしたのかは定かではなかった。

3．しらけと抵抗のスタートから、ドメイン・技術戦略・組織体制の社長報告会へ

＜荒れ模様の船出＞

1987年4月、常務以上の役員説明を経て、参加者約100名に開催通知が出された。役員説明はさほどの問題はなく終わったが、積極的に部長を参加させるという意思表明もなく、サラリとしたものだった。

Step1・2で合計13日間の開催通知である。しかも、研修途中で出入りは親族の急病以外は厳禁、欠席はダメ、見ようによってはかなり官僚的な通知である。参加者からは当然、さまざまな反応が起きた。「俺たちにこんな研修をやってもカネのムダだ。やるならもっと若い人にやったらどうだ」「当社の変革を標榜するなら、役員からやるべきだ」「こんな若い講師から教えてもらえるか」といった直接的な反応や、参加日程についての返事を出さず様子見をする者、病気を理由に診断書を送りつけてくる者、「直属役員から出席しなくてもいいと言われた」ということを盾に、欠席を通知してくる者までいた。

第1回は30名の参加を予定していたが、前々日には15名までに減少し、実施が危ぶまれる事態に陥った。「前代未聞ですね。どんな脅しをかけても集めてください」という伊丹のハッパで、なんとか17名参加で開催にこぎつけたが、荒れ模様の船出が予想された。

＜第1回Step1研修（1987.7）＞

夜の自由時間にはノミュニケーションの場を設けていたが、乗井と神谷にとっては、針のむしろとなった。「ケースは速読の練習なのか」「何の意味があってこんなことをするのか」……。説明や弁解をしてわかってもらえるものではなく、毎晩この調子であった。もちろんネガティブなメンバーばかりではなかったが、二人をサポートしてくれそうな人は黙っていた。

しかし、ケーススタディはカルチャーショックを与えるもので構成さ

れていた。講師団（伊丹の他、奥村昭博慶応大学助教授、加護野忠男神戸大学助教授）の卓越した指導によってメンバーの一部に変化が起こり始めた。

5日目から最終日の午後にかけての「当社の革新」についてのセッションは、「このままでいくと、当社は10年後にどうなるのか、ベストシナリオを描くとどうなるのか、ベストシナリオを実現するために必要なムリや障害は何か」という課題が与えられていた。

グループ討議は不満から始まった。将来に対しての危機感は共通していたが、背後に当社の感材体質や役員への不満が色濃く漂っていた。「このままでは、利益・売上・社員のモラールが先細りで、勢いが低下」「それを打開するために、将来研究や新規事業に対して先行投資を強化」「感材体質の刷新」という文言は上がっていたが、全体の雰囲気は「活気に溢れた」とか「自分たちが先兵で」というものではなかった。

このままでは、評論家的に企業革新を議論しただけになってしまう。どうしてもメンバーに強いインパクトがなければ、すべての試みは灰燼に帰す……。

全体ディスカッションは、「これだけの高収益会社なのに、将来のシナリオがなぜこんなに暗いのか」という講師団の問題提起から始まった。この問い掛けにメンバーはギョッとした様子であった。当然いろいろな理由が出された。どれもが一理あるものである。

講師団から「なぜですか、なぜですか」の連発があり、最後には「私にはジグゾーパズルが合わない……」と次の議論に移っていく。

「技術陣から将来研究がほとんどできていないという悲鳴が上がっているのはなぜか、それほどの問題意識があるにもかかわらず、なぜ手が打たれないのか」

簡単に結論が出る問題ではないが、徐々に本質に触れるような議論に発展していった。

そして、最後に講師団からのコメントがなされた。暖かいタッチではあるが、厳しい内容であった。権限委譲、感材体質……、現象としては誰もが認識していることに対し、部長としての責任を厳しく問うものであった。本質に触れるコメントばかりで、セッションの最後には、腹の底から湧き上がるような感動が場に満ちていた。

このセッションが、全体の研修が順調に回り始めるきっかけとなった。

最終回が終わったときの講師団の総括

＊2〜3割のメンバーには「揺さぶり」の効果があり、かなりのインパクトがあった。当初は1〜2割で大成功と踏んでいたので、予想以上の成功

＊効果のあったメンバーにしても、どう行動すればいいのかわからない状態なので、日常の行動レベルでは変化は起こらないだろう

＊変革のキーが見えてきた。それは「ドメイン・コンセプト」「技術戦略」「競争戦略・ケンカのやり方」「風土革新」

全体としては、当初想定していたよりも問題が大きく、深刻であるので、部長個々の動きで会社全体の革新を実現するのはむずかしいという認識であった。

＜Step2（1987.10〜）：浮かび上がった全社課題＞

Step2は、Step1で明確になった「変革のキー」について「基本的に考える枠組みを学習するとともに、自社の問題に具体的にブレークダウンして考える内容とすることとなった。この頃になると、講師とメンバーの信頼感は増し、濃密な議論が展開され、当初のギクシャクした雰囲気は嘘のようであった。

Step1とStep2を合わせ、13日×4グループの研修を経て、下記の全社課題が浮かび上がった。

① **現在のドメイン**：否定的な意見が大勢を占めた。こうすべきというものはまだ不明確であったが、そのコンセプトを明確にする必要があるという認識は一致していた。

② **技術戦略：**戦略不在という認識は共通しており、今こそ技術戦略を構築すべきとしつつも、議論はまだまだ不十分だった。

③ **組織体制…特に開発組織：**種を育てる仕組みの構築が共通認識であったが、具体性はなかった。

そして、①②③について、「われわれで決着を付けたい」という想いは強かった。しかし、ここまでのプロセスは「研修という隠れ蓑」があったが、これからは経営陣と真正面から向き合うステージになる。メンバーから「これからがむずかしくなるなぁ」という呟きが漏れる局面にきていた。

＜延長戦へ＞

Step２の結果を踏まえ、参加メンバーの総意は、全社戦略を煮詰める場がどうしても欲しいということだったが、さらなる研修を追加するには、経営トップのハードルは高い。

そこで、Step2の延長戦という意味で、Step2.8として、全体でさらなる検討を進めることとした。ただし、完成したアウトプットを具体的施策として実行していくには、経営トップや企画部を巻き込む必要がある。

それで、経営トップに、最終発表会への出席を要請し、生の声を併せて聞いてもらおうと考えた。しかし、「発表会での経営トップ参加を前提に、ドメインや技術戦略、組織体制などを部長層でつくり上げる」案に、人事部長は反対だった。また、研修に参加した数人が疑問を投げ掛けていた。「トップに部長層の要求を突きつけるのはどうか」というのが反対理由であった。乗井と神谷は、ひるんだ。当初、加護野から「辞表を懐にやりますか」と問われた意味が、実感として迫ってきた。

結論は、人事部長と伊丹との会談に委ねられることとなり、「この内容だと、トップの虎の尾を踏んでしまいます」（人事部長）に「虎の尾を踏むぐらいのインパクトがあることなら、やりましょう」（伊丹）と、最終的に人事部長は社長室長に、Step2.8の1泊2日の研修の了解を得た。驚くべきことにこれを境に、社長室長が「長期経営戦略を立案する」と言い出したのである。

＜Step2.8：まとめ研修(1988.3〜4)＞

今まで、研修でしか考えたことのない、ドメイン、技術戦略、組織体制の3テーマに結論を出そうとしたが、散漫な議論に陥りがちだった。ドメインを決めるうえで重要なファクターである、当社の技術力のポテンシャルについて、営業部長はよくわからないといい、製品品質に満足していない部長は、技術不信の急先鋒であった。大勢は技術中心でドメインを位置づけようという方向ではあったが、営業と技術の対立があからさまになった場面であった。

最終日の全体発表は圧巻であった。各グループの一致点、非一致点を明確にするところから始まった。伊丹のリードで、一致点がはっきりしていくにつれ、静かな興奮が広がった。現在の経営施策の見直しが必要という、自分たちの考えが全員のコンセンサスになっていくことへの自信と確信から生まれた興奮に思えた。

議論の不一致は本質的な相違であった。ドメインは、技術軸で設定すべきなのか、市場軸によるべきなのか。こだわる必要はなく、レジャーをやってもいいのではないかという意見も飛び出してきた。

「この問題は自社技術のポテンシャルを信じられるかどうかだと思います。将来のポテンシャルを信じられる人は手を挙げてください」。伊丹が挙手を促した。手を挙げたのは2/3だった。大きな流れを決定付けたのは一人の営業部長の発言だった。「私は商社のように他人がつくった商品を売るために、富士フイルムに入社したのではない。自分たちで開発しつくったものを売りたい」。

もちろん、全員が納得したわけではないが、会社の将来についての本質的なポイントを、ここまで深く議論したことの意味は大きかった。

4．役員報告会へ向けて～挫折の始まり

この結果は早速人事部長から社長室長へレポートされ、社長をオブザーバーとして全役員の出席する拡大研究所長会議で（神谷注：社長に突きつける形にならぬよう、研究所長会議という、通常社長は参加しない会議名称を使った）、「部長研修報告」として発表することになる。この報告会へ向け、合宿の成果をさらに練り上げるため代表者で何度かのミーティングを持った。オブザーブした社長室長は、「本来は私がやらないといけない仕事を皆さんにやっていただいてありがとう」と頭を下げ、先の展開に期待を持たせるものであった。

報告会は全役員と部長の代表者16名約2時間、緊張感が溢れる雰囲気だった。ネガティブな質問も少なくなかったが、多くの質疑が交わされた。社長は無言で聞いていたが、この発表内容についてどういう考えを持ったのか最後までつかめなかった。最後に社長室長から「私も皆さんの議論を何度もオブザーブしました。真剣に、熱心に話し合っておられ、感銘を受けました。企画部としても、今後皆様の意見を参考にして長期経営戦略構想を立案していくつもりです。本当にご苦労様」というコメントがあった。

部長層の反応はさまざまであった。1年かけて検討してきたことを、わずか2時間で理解してもらおうとするのは難しかったのだろう。その後、大きな動きはなかった。経営陣への失望が生まれたのは当然だった。後日、当日欠席していた技術トップに特別の機会を設け、7～8名の部長から説明したが、「新入社員並みの内容」と酷評を受けた。

第 II 部

チャランケ第１幕：技術戦略の策定

第2章
プロローグ

◉── (1) 目立たないようにやれ

1987年春、部長研修のStep1の終了前後から、神谷は宮台技術開発センター（以下「宮」）主任研究員の宮原（当時44才）や、吉田南工場研究部（以下「吉研」）主任研究員の世羅（当時41才）たちと、会社の研究開発の現状を憂い、何とかならないかと相談していた。二人とは、若い技術者対象の能力開発研修で、月1回2泊3日、1年以上にわたって共にスタッフを務めた間柄である。その研修では、技術者個々人の悩みや壁が議論の中心になる。参加者個人やその上司、研究所リーダーの問題だけでなく、それを越えて、全研究部門が直面している共通の問題点が表出していた。

しかし、問題が大きすぎて、何をやればいいのか、暗中模索だった。経営陣の岩盤は揺るぎそうになかったが、研究現場の若手の悲鳴、部長研修で浮き彫りになった技術の荒廃。このまま指をくわえている訳にはいかない。部長研修の合間に伊丹に相談したら「技術戦略が富士フイルムに必要だと思う。今の状態ならどの部署もつくりそうにないから、人事部でやりませんか」という話であった。神谷にはその話は渡りに船、すぐに飛びつこうとした。だが、さらに伊丹は続けた。「クオリティーの高いものをつくって、それを社長にレポートしましょう」。神谷はひるんだ。「社長までたどり着くかどうか。たどり着いたとしても理解してくれる自信がありません」「それでもいいじゃないですか。技術戦略はいずれ必要になりますよ。『待ち伏せ戦略』ですよ」。部長研修を通じて、技術戦略が全社変革のキーであることは明確になり、誰もつくりそうにないことも、その通りであった。

とはいえ、技術戦略が必要と言いつつも、最終のアウトプットイメージもそもそもよくわかっていないし、部長層は立場上、経営陣と対峙できないことは明白だった。『待ち伏せ戦略』であれば、次世代の部長層でつくるべきだが、課長層が集まってつくり上げられるのだろうか。仮に技術戦略が完成しても、いつまで待ち伏せるのか。ずっとお蔵入りのまま終わってしまうのではないかなど、懸念点が次々と頭を駆け巡った。

最後は、伊丹が全面的にバックアップしてくれるならと、腹が決まったというのが正直なところだった。

1987年8月のことだった。

人事部長には、「社長にレポートすることが最終目的」とは言えなかった。ひるむだろうし、その状況もよく理解できる。多少なりとも申し訳ない気持ちが働いたが、「研究会として技術戦略をつくる」と説明し、条件付でOKとなった。その条件とは「目立たないようにやれ」。人事部長も部長研修にメンバーとして参加していたので、技術戦略の重要性を感じていたのだろう。今思い出してもよくOKしてくれたと感謝しているが、「なぜ人事部が旗を振って技術戦略をつくろうとするのか。本来は経営企画部か技術情報部、あるいは研究所長会議のタスクではないか」「課長層が集まってつくれるのか」と、つぶす理由はいくらでもあった。事実、人事部の部課長会ではそのような意見が噴出し、ある人に言わせれば「(神谷は)袋叩き」だった。

◉──(2) 活動コンセプト:「研究会」の衣をまといながら、会社の変革を仕掛ける。そのために強固な“同志的結合”をつくり上げる

ファシリテーターの伊丹や宮原、世羅と相談しながら、活動のコンセプトを次の2つに決めた。この2つのコンセプトはぶれることなく、メンバー全員の共通の指針、目標であり続けた。そして、われわれだけのものとして、外部的には、あくまで「技術戦略を学び、研究する会」とした。余計な雑音を避け目立たなくするためだった。「技術戦略をつくる会」として、正式に認知されていない活動が、トップや社内に影響力を持てるのか? という反論もあったが、「正式に認知されているかどうかは関係ない。美人で能力があれば、世間は認めてくれる」と、開き直

った(?)。

1．全社の技術戦略をつくり、会社の変革を仕掛ける。ターゲットは社長

『目先の商品開発に追われ、技術が荒れ、事業/技術領域が拡散したままでは将来はない。今、当社には技術戦略が不可欠。チャランケは、勉強会でも研究会でもなく、技術戦略をつくる会。それを社長に具申する』

そして仮に、われわれが提案する「技術戦略」がすぐには受け入れられなくとも、いずれ必要になるときが来るはず。そのときに「技術戦略は実はつくってあります。これです」と差し出す「待ち伏せ戦略」のシナリオも想定していた。

また、クオリティーの高いアウトプットをつくり上げることが目標なので、納期は決めない方針とした。そもそも、「技術戦略をつくる」といっても、何をつくるのか、さっぱりわからない段階で、納期設定はむずかしい。それにこれまで技術戦略がなくても平気(?)、だったのだから、誰からも文句や催促のないことは明らかだ。とはいえ、納期のない仕事はどこか落ち着かない。特に人事部や商品開発で、納期がない仕事はない。違和感があるのが当然といえば当然、毎回箱根で開催していることもあり、周囲からは「遊んでいるのではないか」と冷たい目を向けられたことも少なからずあった。嫉妬、不信、揶揄からだろうが、短期的、皮相的な仕事を要求されるばかりの外野からはそう見えるのは仕方ないことだったかもしれない。

2．同志的結合

『10年後にはメンバー全員が技術陣の中核を占めるはず。志や戦略観、技術観を共有する強固なネットワークをつくる』

われわれが作成した技術戦略が、経営陣にすぐに受け入れられるかど

うかは不確実であり、そんなに柔な経営者でもないだろう。しかし、いずれわれわれの世代が経営を担うときがくる。そのときにチャランケでつくり上げたネットワークが生きる。立場や職務は異なっていても、「学友」ではなく同じ釜の飯を食った「戦友」として、同じ方向を向いて動いている結合体でありたい。

「同志」を演出するため、月1回の会合は必ず1泊、「口角泡を飛ばす議論」「アルコールも入れた自由懇親」「露天風呂」の3点セットにした。研究開発に携わった経験がない神谷は「口角泡を飛ばす」議論のときには、ひたすら聞き手に回り、あとの2点ではエネルギーを全開した。

「このような活動には『同志的結合』が必要で、それは血判状の世界」（伊丹）との発言もあった。まるで『秘密結社』のようであるが、職場でも至ってオープンに活動し、上司や部下ともフランクに議論していたので、周囲には寛容かつ興味津々といった雰囲気が漂っていたようである。苦々しく見ている上司もいたが、何も言わなかった。意見しても素直に聞くような面子ではなく、何より技術戦略をつくるという“大義”の前では、黙るしかなかったのだろう。

第3章
顔合わせ

◉――（1）初顔合わせの日

1987年9月23日、箱根小涌谷『金融財政事情研究会研修センター』に13名の男が集まった。この会の正式名称は『富士フイルム技術戦略研究会』。冒頭、主催者の人事部神谷は「この会は、皆さんには技術戦略の研究会としてご案内しておりますが、これは勉強会でも研究会でもありません。全社の技術戦略をつくる会です。作成してそれを社長に仕掛けたいのです」。そして、「なぜ今、技術戦略なのか、なぜこの研究会なのか、実施中の部長対象の経営戦略研修での議論」などを説明した。参加メンバーは、神谷とファシリテーターを務める伊丹（当時一橋大学商学部教授）以外は、すべて社内の技術者である。

このようなチームの編成に当たっては、参加者選定は職制推薦に委ねるのが通例だった。神谷は人事部という職務上、また同世代なので、各研究所のコア人材をかなり良く知っていた。宮原、世羅の意見を聞きながら、基本的には神谷が名指しでメンバーを決め、研究所長を回った。「こういうものは仕事としてやるものではない、面白がってやる人間を集めたいし、『本当に』優秀なメンバーでないとだめだ」と考えたからだ。

後述するが、このメンバー構成がプロジェクトを加速化する大きな要素となった。たとえばある研究所長からは別のメンバー案が出てきたが、「その人は人事評価は高いが、当社の研究開発の現状に対して一家言を感じない」としてお断りしたこともあった。「成果」を出しているエリートよりも、自らや会社の現状に対する「強烈かつ健全な危機感」を持った人間かどうかの方が重要だった。ただ、主力の足研（足柄研究所）だけは候補者群も多く、所長の人選に委ねた。本流の銀塩の研究者が推薦されてくるのかと予想していたら、医薬研究に足を踏み入れていた伊藤と、工場から異動してきたばかりで高分子商品をつくりたい品川。辺境の二人だった。

「技術戦略をつくって、トップに攻め上る」と突然言われ、「戸惑い」が場を支配していた。反論はなかったが、「半信半疑」もしくは「何を言われているのかよくわからなかった」のが、大半だったろう。それもそのはず、今まで経営とか、全社戦略、技術戦略など、考えたことのない世代だ。ただ、「何かおもしろそう」という感覚は共通していた。

●──(2)「辺境・何とかしなきゃ人間」が集まった

平均年齢は当時41～42才、新任研究部長の宮原を除き、全員課長層であった。それを狙ったわけではなかったが、多士済々、異質で個性の強い、かつアウトサイダー集団であった。全員が本流ではなく、「傍流」「孤高」の道を、自ら選びとった者、図らずもそうなってしまった者の集団であった。「後ろに道はない。前に突き進むしかない」『何とかしなきゃ集団』だった。

「異質で個性の強い」「アウトサイダー」「はぐれ者」などと書くと、世をすねたり我が強すぎて鼻つまみ者で相手にされない集団のように誤解されてしまいそうだ。しかし、このメンバーは全く違う。正義感が強く、権威には妥協せず、前をまっすぐに向いているところが生半可ではない。相手が誰であろうと度胸よく真正面から議論を吹っ掛けていき、突っ込まれた方も頭にきて感情的になったとしても、受け止める度量がある。

そして「己を受け止める強さ」もこの集団の特徴だ。小倉は「伊丹先生から『生産技術で会社の将来を描けるのか』と問われ、答えられず悔しかった」と語っているが、自らを賭けてきた生産技術者人生が否定されたと受け止めてもおかしくない。彼はそれを耐えた。戸田は当時を振り返って、「それまで自分は直感を信じて感性で突っ走ってきたが、自分より深く考えている人が多いなぁと、大いに刺激になった。それまでの自分にないもので、得をした。自分はWantとWishは強かったが、Whyを言えるようになった」と語っている(2019年)。副社長まで務めた人間が、このように自分の弱さを素直に語る姿に仰天するともに、チャランケの強さの一端を見た気がした。

では、このようなメンバーをなぜ集めることができたのか。予めこういう人物が必要という明確な設計図を持っていたわけではないし、人事記録を見てもわかるはずはない。振り返ってみると、神谷の中の「チャランケにかける強い想い」に加え、「人事部員は一人ひとりの人間と深く関わるべし」という伝統とそれまでの蓄積が生きた気がする。他人と深く関わるには、洞察力や相手との信頼関係も必要だ。そうやって積み上げてきた「ヒトをよく知っている」ことこそが、当時の富士フイルム人事部の卓越した財産だった。言語化するのはむずかしいが、仲間を選び取るときに、鼻が効いたのではないだろうか。

本人の弁を交えながら、年次順にメンバーを紹介しよう。下記以外に3名いたが、病気などの理由でインタビュー（2019に実施）できなかったので、ここでは除いた。

◇**宮原 諄二**（宮台技術開発センター、以下「宮」。メンバー最年長で新任部長：金属学）

チャランケ発足当初は上司とそりが合わず「『何でも好きなことをやれ』と、心血を注いできたFCR（アナログのレントゲン写真システムに代わるデジタルX線医療画像診断システム）のイメージングプレート（放射線画像センサー）の研究開発から、同じ所内の別の部門に“追放”されていた。それもあって、新たな事業部門（サイエンス分野）と新たな研究開発部門（光デバイス分野）をつくり上げようと苦闘していた」「何とかしなきゃ」という思いがあった。また、「社内にはさまざまな技術があるので、それを組み合わせていくとおもしろいものができると、常々感じていた」。それでチャランケの話に乗ってきた。

彼の関心領域の広さは驚くべきものがある。研究ステージ（R）に強い人間との定評があり、実際それまでにも大きなイノベーションを成し遂げていた。FCRを世界に先駆けて開発した中心メンバーで、デジタル化という技術の流れがよくわかっていた。社内には、「1から10をつくり出す開発」に強い技術者は多くいたが、ゼロから１を生み出せる人間は希少だった。富士フイルムには数少ない中途入社だが、社内ネットワークが抜群に広い。

◇**伊藤 勇**（足柄研究所、以下「足研」：有機合成）

バリバリの有機合成研究者。写真フイルムに有機合成技術が不可欠であることをろくに知らず、大学の先生の勧めで富士フイルムに入社した。1984年のロスオリンピック向けASA1600のカラーネガフィルムの合成リーダーとして、製品化をやり遂げた。当時のカラーネガ担当は花形だった。「達成感はあったが、自分は新しいことをやりたかった。ハロゲン化銀の世界は狭いし、マビカ（1981年にソニーから発表された電子スチルカメラ）も発表されていた。半導体の技術進歩はとてつもなく速く、飛んでいっている。エレクトロニクスの世界は技術者の底辺が広く、エレクトロニクスメーカーが束になったら、とても勝てないだろう。銀塩写真の競争相手はコダックだけ、もうやっていけないのではないか」と感じていた。

それで、所長に「新しいことをやりたい」と申し出たら、「自分の責任をどう考えているんだ、バカなことをいうな」と真っ赤になってガンガン怒られ、説教された。後日、担当役員の「若い人がやりたいと言っているのだから、やらせてあげたら」という言葉で、表向きは「感材をバイオテクノロジーでつくる」という研究室ができた。本命は医薬だったが、「こんな研究室があると本社にわかったら大変なことになる、だから組織図には載せない。どうやって事業化するのか、儲けるシナリオを書け」としつこく言われながら研究を続けていた。

◇**世羅 英史**（吉田南工場研究部、以下「吉研」：有機合成）

深く考え過激に議論を吹っ掛ける。思考の深さとブレないスタンスが特徴。足研の有機合成研究室から吉研の商品化研究に移された。「市場のことを把握するために出張を繰り返し、情報収集に駆けずり回ったが、そのとき本社の部課長から聞こえてくるのは、トップに対する愚痴ばかり。うんざりしていた。その後、徐々に愚痴が聞こえなくなってきたが、諦めが支配しているように映った。彼らには改革は期待できない」。

「富士フイルム独特の用語に、"タイプ同等"という言葉がある。研究開発のでき映えを評価するため、分厚い評価表を作成し、コダックと比べての完成度を判断するもの。コダックという先行企業があり、研究とはその後を追うことを示すもの。"How"の世界。発想力、企画力は乏しくとも、行動力や折衝力の高い者が評価され、"技術戦略"などは想像外の世界。こんな状況で『技術戦略』を部長層に任せていてはダメ、俺たちでやらないと、と考えていた。「そこにチャランケの話、渡りに船だった。飲み屋で神谷さんがチャランケの構想を語ったあとで、『乗る？』と聞いてきたので、『そういう話は好きなんですよ』と即答した。その光景は今も覚えている」。

◇**品川 幸雄**（足研：高分子物性）

チャランケ発足時は足研に異動直後だった。「工場の技術課時代は『消防隊（起きている問題の火消し）』的役割だった。足研で高分子技術をつくりたいと思い、異動してきたら、所長から『インスタント感材を担当してほしい。足研で仕事をするなら、感材もちゃんとできることを証明しないと周囲から信頼されない』と言われたが、辛かった。開発リーダーなのに、何も知らなかった。工場時代から自分は"感材のサポート"ではなく、"高分子商品"をつくりたいと、ずっと思っていた」。

チャランケ発足の数か月後、胃がんの手術を受け3か月の闘病生活を送った。ステージⅢ、3年生存率30％と宣告を受けたとのことで、チャランケ離脱かと心配したが、以前よりもモチベーションが高くなって戻ってきた。「3年以内に死ぬのだったらやりたいことをやろうという心境になった」。

◇小倉 敏之（生産技術部、以下「生技」：機械工学）
「会社の本流は局所最適主義で、イノベーティブなことには抵抗が強い。本流を外れたかったし、反抗して外された経験もある。材料以外の生産技術をつくりたいと、研究Ｇ をつくってもらって、機器の生産技術を始めた。しかし土地勘もなくお呼びはかからなかった。仕方なく、カメラの生産技術を始めたが、非材料分野で何をやればいいのか困っていた。だから、チャランケは「渡りに船」だった。伊丹先生に『生産技術で将来の企業ビジョンを生み出すような何かできるのか』と問われたが答えられなかった。悔しかったけど自分はそういう思考に慣れていなかった」。
「（今回インタビューできなかったメンバーの）斉藤（「生技」）も大きな仕事が終わり、自分で新しい領域を探しに出ていた。当時やっていた仕事は魅力に乏しく、クサっていたのではないかな」。

神谷は小倉と同期だが、富士宮工場勤務時代、同期の仲間から「三奇人（の一人）」と言われていた。

◇戸田 雄三（足柄工場製造部：写真工学、ゼラチン研究）
「これは単なる研究会でもないし、勉強会でもないと聞いて、おもしろそうだと思った。職場に帰れば火の車、局地戦に埋もれてしまい、ミクロの世界。鵜の目は現場目線、鷹の目は全社視点。鷹の目のロジックがほしいと常々思っていた。自分はコラーゲンやゼラチンの研究をやっていたので、昔から化粧品や医薬をやりたかった」。

研究所ばかりでなく、工場のメンバーを加えたかったので、一本釣りした。好奇心が図抜けて旺盛、研究所に対して一家言持っていた。上司はチャランケに彼が参加することを嫌っていたが、お構いなしに全出席。彼はオランダ工場勤務の後、最後まで富士フイルムに生き残ったメンバーで、副社長兼ＣＴＯを務め、2018年に退任した。

◇**大津 隆利**(「宮」:入社以来業務用システム機器開発を担当　機械工学)

新規事業のピクトログラフィー（注：写真感材を使ったデジタル高画質プリンター）を担当していた。「プリンターは外部と組まなければ事業が進まないのに、ビジネスを推進する組織がない。他社と組もうとすると、『まだ早い』。この商品のビジネスモデルは主力の感材事業と全く違うのに、理解してもらえず、2年間ぐらいウジウジしていた。その後、グループを独立させてもらったけれど、富士フイルムの新規事業で、『ウジウジ』はよくある話、特別ではなかったのかも。新規事業や新技術開発にはすごく関心があったが、チャランケで何をやるのかはまったくわかっていなかった」。

◇**梅村 鎮男**(磁気材料研究所：物理)

科学技術庁(当時)の『超微粒子プロジェクト』に4年間出向していて、会社生活は実質3年ぐらい。「目の前の基礎研究だけに関心があり、経営については、何の問題意識もなかった。あとになってわかったが、組織的な仕事はしてきていなかったし、仕事で強烈に学んだ経験もなかった。最初の集まりで『これは研修ではありません』と言われたとき、『私は適任ではありません、知識も関心もありません、行ってこいといわれたから来ました』という心境だった。でも、優秀なメンバーと議論できることは本当にうれしかった。当初は自分の仕事や立場に結び付けて考えてもいなかったが、そのうちに、自分の仕事に影響が出ていることがわかってきた」。

宮原、神谷の二人は、梅村はその優秀さ故に、いずれ会社を辞めるのではないかと危惧して、チャランケメンバーに加えようと画策した。本人はともかく、宮原、神谷の二人は「(彼を)何とかしなきゃ」と思って引きずり込んだ。いつも冷静に議論の本質を見極めようとし、よく「揺り戻し」をかけてくれた。

第4章

なぜ技術戦略なのか。問題の本質は戦略にあり～初期の活動

◉──(1) 多くの対立と混乱が視点を広げ、好循環に回った

梅村は自己紹介での一場面が忘れられないという。「これまで、他人の真似をすると叱られた。研究テーマは他人の真似ではないテーマを選びたい」と発言したら、それに対し「そうではない。イノベーションは模倣から始まる」と品川がすかさず反論したという。梅村は、会社創設以来の感材研究や生産拠点である足柄地区で育った人間と、小田原地区で主に基礎研究に携わってきた自分との、あまりの違いに驚いたと語っている。同じ社内だったが、それ以降も、研究と開発、工場と研究所、所属事業の違いから生まれる技術開発観、アカデミア(伊丹)と企業の現場など、さまざまな対立が生まれた。

有機合成の研究者であった世羅は「写真フイルムは実は大変高度な化学反応でつくられている。ところがつくっている者がそのことを理解していない。一方自分の中には、生産技術はモノが決まった後でつくり方を考えるだけ、塗布技術は塗るだけという偏見があった。工場の製造技術も軽視していた」と語る。「頑張っていいモノをつくればそれでよしということではないだろう。競合に勝てばいいというものでもない。富士フイルムは何屋なのかが重要だと主張したが、自分ひとりが孤立していた」。

「単に設備を動かしておればいいものができると思っているのではないか。どういう根拠でそういう発言をするのか」。生産技術や開発／製造技術サイドから激しい反発があったのは当然のことだった。「自分が重要だと考えている技術をコケにするようなことを言ってほしくない」。

こういう対立は何度も生まれた。そしてなかなかカタがつかなかった。世羅は「議論がこう着状態になったとき、伊丹先生が問題の捉え方を変えるような極めて的確な指摘やアドバイスをしてくれたし、場が混乱してしまったときに、その議論から一歩引いて聞いていた宮原が、翌月にその論点を別の視点から問題提起してきた」と当時を振り返る。

品川は「当初は伊丹先生との戦いだった。現場のことを知らないでなぜそういうことが言えるのかと、何度も論争になった。でも、お互いを論理的に理解しあえると、納得し合った」と言う。

異質の視点、立場による見方の違いは、大いなる対立を生み出し、メンバーの視点を拡げ、チームのベクトルを合わせていく原動力であったが、感情的にはしこりが必ず残る。だが対立の本質を洞察し、それを場にフィードバックする機能がチームに備わっていれば感情的なしこりは消えていく。そうなれば、対立を恐れず議論できるようになり、好循環が回り始める。その繰り返しだった。

「富士フイルムはいろいろな側面を持った企業であるということがあとでわかった」(世羅)。人間には認知限界があるので、富士フイルム全体を把握するために、このプロセスは避けて通れない重要なものだった。

◉──(2) 問題意識の擦り合わせ〜焦点を“全社技術戦略”に絞った

初期の議論は、「全社技術戦略を語ろう。技術を軸にしてしゃべろう」という前提で始めた。研究開発の現場で発生しているさまざまな事象は、技術以外の経営戦略や組織や仕組みなどの経営システム、あるいは個々の現場の研究マネジメントが複合された結果だろう。しかし、神谷や伊丹にとっては、部長研修以来「変革のテコは技術戦略にあり」との確信があったこともあり、最初から技術戦略に焦点を絞っていた。

過去何度も経験したことだが、このような議論を始めると、しばしば研究者の能力開発、新規事業のタネを創発する仕組み、研究効率アップの方策などの「戦術＝How」的関心事にすぐ目が向いてしまう。

世羅は「常々、戦略は戦術に優先すると主張していた。しかし、議論するにつれ、戦略と戦術の概念の区別があいまいになってくるため、会合に定義の私案を出したことがあった。『組織目標を実現するための手段の最上位概念が戦略、その戦略を実現する術が戦術、その下の階層だと上位階層で戦術だったものが戦略となる』と書いた。しかしそれだと戦略と戦術は相対的なものになり(入れ子構造)、戦術はやはり重要との反論が出る。結果として議論が拡散する」と語る。神谷もそのような経験がある。それ以来チャランケでは、技術戦略とは“技術の方向性の選択”と“資源配分の焦点の明確化”と考えるようにした。

焦点を「技術戦略＝What」に絞り込み、結果的にはこのアプローチが功を奏した。議論が発散、拡散せず、メンバーは技術以外の経営要素にとらわれず自信を持って語れた。“個々の事業の特質”や“現場の研究マネジメント問題”にとらわれず、“技術戦略”に関心を集中できたのだ。

◉── (3) なぜ、「技術戦略」なのか～問題の本質は技術戦略にあり (図2)

1．多くの研究所で同種の問題が多発していた

議論は、各人の問題意識を擦り合わせるため、各研究開発の現場で発生している事象の紹介から始まった。

各人がメモを作成し、それぞれの関心事を語ったが、議論は収束していかず、出口は見つからなかった。使う言葉の定義がバラバラで、各人が「技術」をきちんと考えていなかったこと、漠然と雰囲気だけで捉えていることが影響していた。

社内のあちらこちらで同種の問題が多発しているとの認識が一致してから、局面が変わっていった。

①将来テーマの芽が出ない ②研究納期の遅れ ③競合他社に出し抜かれる と、多くの問題が挙げられた。技術者が疲弊していることも含め深刻な問題ばかりである。通常の議論では原因として、人手が足りない、時間がない、目標設定や研究上のミスが指摘され、「テーマの重点化」や「ユーザーニーズのより正確な把握」が、その対策として挙げられる。

しかし、結果として、それらの対策はあまり功を奏さない。テーマ数は増えるばかりだし、納期遅れも相変わらず、営業からのプレッシャーは激しさを増すばかり、現場の悲鳴は切実だった。そして、多くの研究所で同じ問題が起きていた。ということは、個別事業や個別の研究開発マネジメントの問題ではないのだ。「なぜ、そのようなことが起こっているのか」と「なぜ、そのようなことが多発するのか」の本質は全く違うはずだ(チャランケレポートＩより。以下チャランケレポートからの引用については、斜体で表記する)。

なぜ、同種の問題があちらこちらの研究所で多発しているのか。その議論が深まっていくにつれ、根っこの深さに、場は重苦しい雰囲気に包まれた。根本問題を解決せずして、表層だけの解決策を求めても成果が上がらないことは、誰もがわかっていた。

そして、明確にわからなくとも、自分たちの手が届かないところに手を突っ込まねばならないことも、うすうすだが感じ始めていた。

2．表層の原因：営業と技術の対立構図、パワーバランスの歪み

神谷はチャランケを始める以前は、技術が荒れている大きな原因は、営業部門と技術部門との対立構図だと考えていた。部長研修の場面では、いくつもの事業の営業部長と研究部長との間で、激しいやり取りがあったからだ。多くの営業部長は、商品開発の納期管理や品質性能について、研究開発に対しての不信感をあらわにした。一方技術陣は、目先の商品化研究偏重を強いられており、今のままでは(将来のための)技術が蓄積されず将来が危ういと主張していた。営業サイドにパワーが大きく偏り、その歪みから技術が荒れてきていると、その当時(1987)は考えていた。

営業と技術のパワーバランスは、どうあればいいのか。企業環境、経営戦略、それぞれの企業が歩んできた経営の歴史により異なるのは当然

で、一律にかくあるべきとは言いがたい。とはいえ、『技術の富士フイルム』を標榜するからには、この歪みは大きな問題なのは確かだ。営業支配の会社になってしまってはまずい。営業が強すぎると、どうしても短期の商品開発に引きずり込まれてしまう。結果として技術が荒れる。

なぜこれほどパワーバランスが歪んでしまったのか、営業と研究開発のパワーがもう少しバランスすれば、問題は解決に向かうのではないか。

だが、パワーバランスの問題という認識は表層的に過ぎた。神谷にはこのパワーバランスの歪みの構造的原因、根本原因が見えていなかった。議論を通じ、営業VS技術という単純な構図ではないことが、徐々に明らかになっていく。

3.「商品開発至上主義、当面の開発目標のみに集中」：技術開発をとりまく『悪循環の図』

「同種の問題が社内のあちらこちらで多発している」事態をどう捉えるべきか。チャランケは、個々の研究所レベルの問題ではなく、全社レベルでの『**問題の本質は戦略にあり**』と断じた。浮かび上がったのは、事実上現在の（技術）戦略は「**商品開発至上主義、当面の開発目標のみに集中**」ということだった（図2参照）。

図2は、「銀塩は成熟度が高い」ことに端を発した、技術開発現場が陥っている『悪循環の図』だ。渦巻きは悪循環。5つもの渦巻きが表現されている。現場は、その悪循環を食い止めようと苦闘するも逃れられない。渦巻きが発生している本質が現場のマネジメントにあるのではなく、"全社技術戦略"にあるからだ。

「研究、研究者、研究所の能力不足やミス、あるいは根性不足といった次元の問題と捉える限り、傷は深くなるばかり。にもかかわらず、真面目で責任感の強い研究部門は、まず、自分の責任を果たさないと『何も言えない』と考え、当面の対応に留まる。高いシェアを維持しなければ

図2｜当社の現状分析

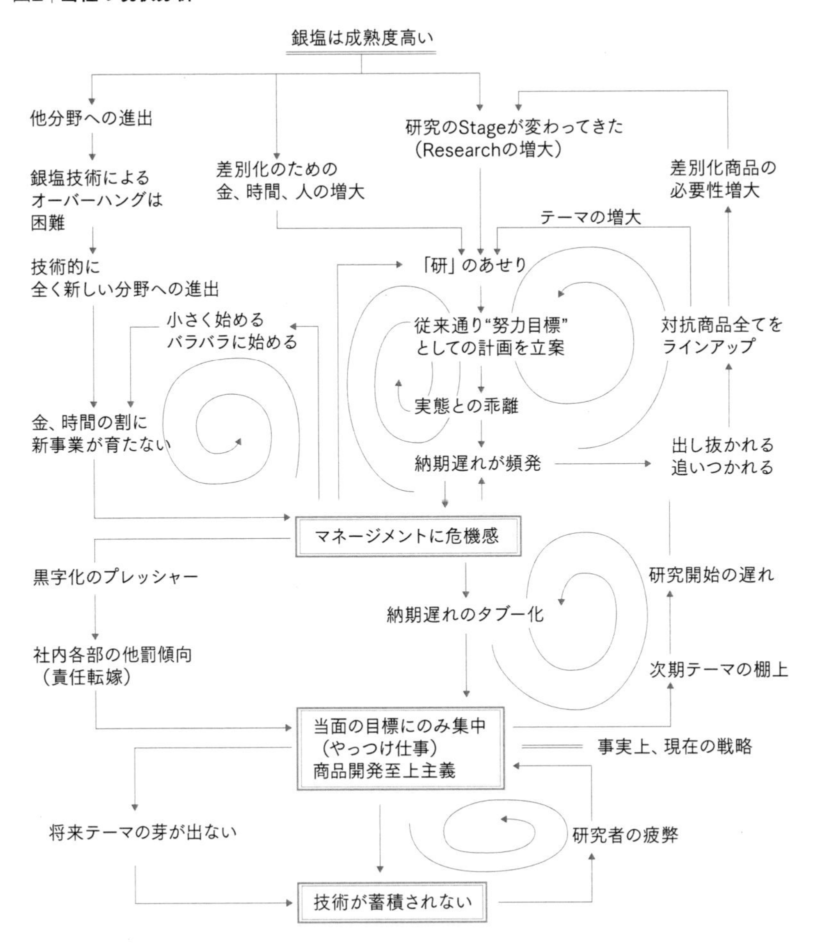

銀塩は成熟度高い
他分野への進出
差別化のための
金、時間、人の増大
研究のStageが変わってきた
（Researchの増大）
差別化商品の
必要性増大
銀塩技術による
オーバーハングは
困難
テーマの増大
技術的に
全く新しい分野への進出
「研」のあせり
小さく始める
バラバラに始める
従来通り"努力目標"
としての計画を立案
対抗商品全てを
ラインアップ
実態との乖離
金、時間の割に
新事業が育たない
出し抜かれる
追いつかれる
納期遅れが頻発
マネージメントに危機感
黒字化のプレッシャー
研究開始の遅れ
納期遅れのタブー化
社内各部の他罰傾向
（責任転嫁）
次期テーマの棚上
当面の目標にのみ集中
（やっつけ仕事）
商品開発至上主義
事実上、現在の戦略
将来テーマの芽が出ない
研究者の疲弊
技術が蓄積されない

ならない営業は『当面の商品を何とかしなくては』とあせり、プレッシャーをかける。お互いの不信感は、どんどん深まるものの、その原因はいっこうに見えてこない。悪いサイクルに入ることになる」。

4．その根本原因：技術戦略と状況のミスマッチ

「図2のフローチャートで示した通り、注意すべきは主要製品の技術が成熟に近づいていることである。そのため完成度の高い商品のさらなる改良、新しい事業分野への進出が避けられなくなっている。従来、当社の研究は、目標が極めて明確であった。すなわち"What"は明確で"How"のみの勝負であった。研究者もそのようにトレーニングされてきた。しかし、技術の成熟や新しい事業など、当社の現状は変わってきたのである。

市場調査をいくら行ってもニーズはつかみ難く、目標を設定しても"何を研究すれば効果が出るのか"が見えなくなってきている。言い換えればブレークスルーの対象が見えなくなってきているのである。

このような研究のStageでは、従来のように事は運ばない。納期の予測は難しく、思いもよらない問題が発生する。

"研究は不確実"である時代に入ったのである。

当社のジレンマは商品開発に追いまくられることによる「技術の蓄積」及び「シーズ探索」の不足の悪循環であり、技術戦略と状況のミスマッチだというのが、われわれの見方である。

さまざまな深い議論が交わされ、このような認識に至ったが、だからと言って、今日の「技術戦略のあるべき姿」が見えたわけではない。スタート地点に立ったのだ。

今日の経営環境にマッチした「技術戦略とはどのようなものなのか」「技術戦略と経営戦略をどのように関係づけるのか」という問いに対する答えを模索する、長い苦闘が始まった。

第5章

「キー技術」と「技術の核」～技術戦略の構築は技術の棚卸しから

◉──（1）技術の棚卸し：「技術」という言葉のイメージがバラバラだった

技術戦略をつくるうえで、まずは社内にはどのような技術が存在するのか、棚卸しした。各人が担当分野の保有技術をメモにまとめ、付き合わせていった。「有機合成」「界面物性制御」「塗布」「銀塩」「画像評価」「フィルム加工」「添加剤」「乳剤仕込み」など、細かいものから大きなものまで、カテゴリーやスパンの違う全くまとまりのないものの羅列で、Science的表現、その本質がよくわからない表現、技術階層が大括りすぎる表現が混在していた。いずれも社内用語として使われているものだったが、それは、「技術の本質」について、それまで精査されてこなかった証左と言えた。

そこで、その一つひとつについて、技術内容、当該技術の本質とその表現の妥当性を吟味していった。各人にとっては、全く他分野で土地勘のない技術も多く、迂遠な道のりだった。

当然ながら、ぶつかり合いが起こった。工場出身者VS研究所出身者、創業以来の伝統があり銀塩感材の中核である足柄地区VS他地区、専門分野の違いと、「位相が合わなくて話が噛み合わない」「自分のやっていることを正当化する」「自分はわかっているという過信ではないか」との感情が交錯した。

「全員、所属部門の代表という意識はなかった」のがチャランケの特徴だったが、発言の背景にはそれぞれのバックボーンが色濃く出た。

議論が収束しないまま、何か月かが経過していった。余談だが、このころ戸田が深刻な議論の最中に唐突に「トンネルの入口が見えてきた！」と叫んだ。他のメンバーは「(入口なら) これから、トンネルを掘らないといけないのか……」と道の遠さに思いを馳せた。楽観的なことでは人後に落ちない戸田は、実は「トンネルの出口が見えてきた」と言うつもりだったらしい。自分たちの立っている位置は、入口なのか出口なのか、当時の苦しい状況を表した、今も語り継がれている『けだし名言』だ(戸田のユーモアセンス、明るさにはずいぶん救われた。重苦しい議論には彼のようなキャラクターは貴重だ)。

活路を求めて全員で「オホーツク流氷の旅」に出たのも、このころだ。流氷の上に乗ったら何か転機がつかめるかもしれない、と。そして、その往路の飛行機の中で「チャランケ」という言葉に出会い、宮原は多くのメンバーが心配した通り流氷から滑り落ち、みんなでスノーモービルを走らせ、忘れられない元気をもらった旅だった。

◉──(2)出口が見えた～技術を見る眼:優位性・発展性・汎用性

行き詰っていた技術の棚卸し作業だったが、同じ技術にしても、重要な技術とそうでないものがあるという認識は共通していたが、その評価は何によるべきかが混沌としていた。言わば、技術を見る眼、評価する眼がなかったということだ。個別技術の議論を続けていっても、出口が見えるとは思えない状況が続いていた。

そんなある日、宮原が「技術の(技術の核&キー技術)3要素」なるペーパーを持ってきて、みんなに提示した。その3要素とは、「(他社に対する)**優位性**」「(将来に向かう)**発展性**」「(他分野への)**汎用性**」だった。それまでの長く停滞した議論に、一石を投じたのだ。

これは画期的な視点だった。霧の中をさまよっていたわれわれに、出口が初めて見えた安堵感と納得感が生まれた。

これ以降、技術の棚卸しは「実務」になった。「技術を見る眼・評価する尺度」のないまま、個別の技術論を続けていても、収拾がつかなかっただろう。

◉──(3) キー技術のまとめ：チャランケレポートⅠより

1．なぜ「キー技術」なのか

キー技術はその企業を支える技術なので、それを不断の努力で強化、発展させる必要がある。しかし、時として、それらが認識のないまま社内各所に分散していたり、特定製品にのみ、紐づいていたりすると、市場や商品が変化していくにつれ、その優位性が失われ、技術が拡散していくことになりかねない。自社の現状は商品開発に偏りすぎた技術開発になっているので、拡散傾向や優位性の劣化傾向が現れている。そして技術優位性のない分野への進出が増えれば、わが社の将来はない。

だからこそ、戦略上重要な武器となっているキー技術を直視する必要がある。

2．当社製品の特徴：画像情報のハンドリングを『複雑・精密な物理・化学反応で制御』

重要なのは、製品を機能と技術に分解し、付加価値を生んでいる本質を見極めることだ。製品を製品として見ているだけでは、その特徴は浮かび上がってこない。

そのためにまず「画像情報のハンドリング過程（当社製品の機能）」（図3）を描いた。これは個別製品を個々の「機能」に分解するプロセスである。これにより、「製品」を「機能」に落とし込むことが可能となる。

次に「富士フイルムの技術と製品の関係」（図4）を描いた。図4では製品とキー技術のみの関係図を紹介しているが、実際には主要製品のすべてと主要技術の関係図を作成した。これにより、「製品」を「技術」に落とし込むことができる。多くの主要製品を支えている技術が浮き彫りになった。

図3-1 | 画像情報のハンドリング過程

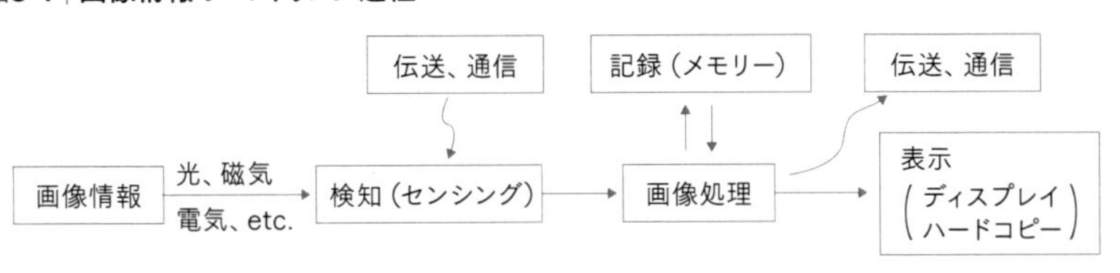

図3-2 | 画像情報のハンドリング過程

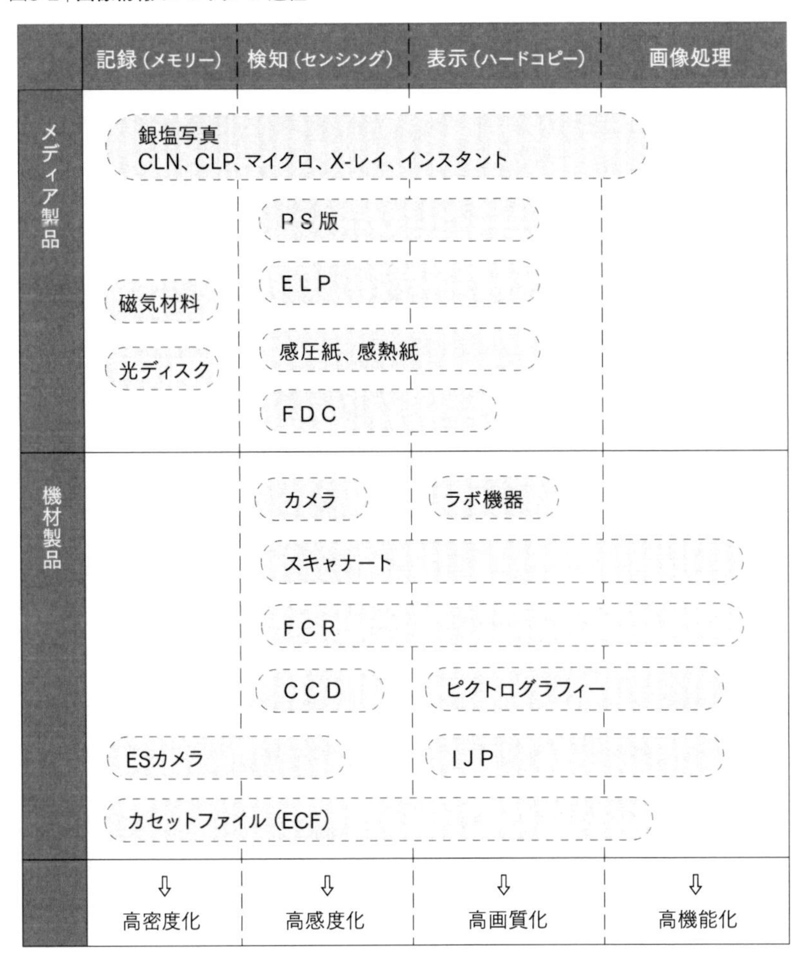

こうして、どの機能と技術が付加価値を生んでいるのかが見えてきたのだ。そして、その技術の本質は何かを議論した結果が下記である。

カラーフイルム、印画紙、Ｘレイフィルム、印刷用のリスフィルムなどの銀塩フイルムに限らず、ＰＳ版（印刷用刷版）、磁気材料（ビデオテープやオーディオテープなど）、感圧紙などを技術的に俯瞰すると、工場の製造プロセスから始まって、顧客の手元での処理プロセスまで、『複雑・精密な物理・化学反応を制御せねばならない製品群』である。具体的には下記①〜③のように分解される。

銀塩感材など当社製品の多くは、画像情報のハンドリングプロセスに関わるもので、そのプロセスは、センシング、メモリー、表示（ハードコピー、ディスプレー）及び画像処理に関わるものである。それをもう少し分解すると、

① 薄い支持体の上に、機能性の薄膜を形成したものである

② 薄膜の機能は、光、磁気、熱、圧力を介して画像情報をセンシングし、それを光、光透過率、表面物性、磁気特性などの物理量分布として膜内にメモリー、外部に表示（ディスプレー、ハードコピー）するものである

③ それらの機能の多くは膜内の化学反応により実現される

なかでも、銀塩写真はセンシング、メモリー、表示の3つの機能を同時に実現するほか、一部の画像処理機能も化学反応を巧妙に行っている、優れた複合商品である。

３．キー技術は「メディア製品」に偏在

「富士フイルムの技術と製品の関係」（図4）の上部はメディア製品、下部は機器製品である。メディア製品が多くのキー技術に支えられているのに対し、機器製品を支えている技術は脆弱である。感覚的には多くの関係者はわかっていたが、論理的に明確にしたところに意義がある。

図4 | 富士フイルムの技術と製品の関係

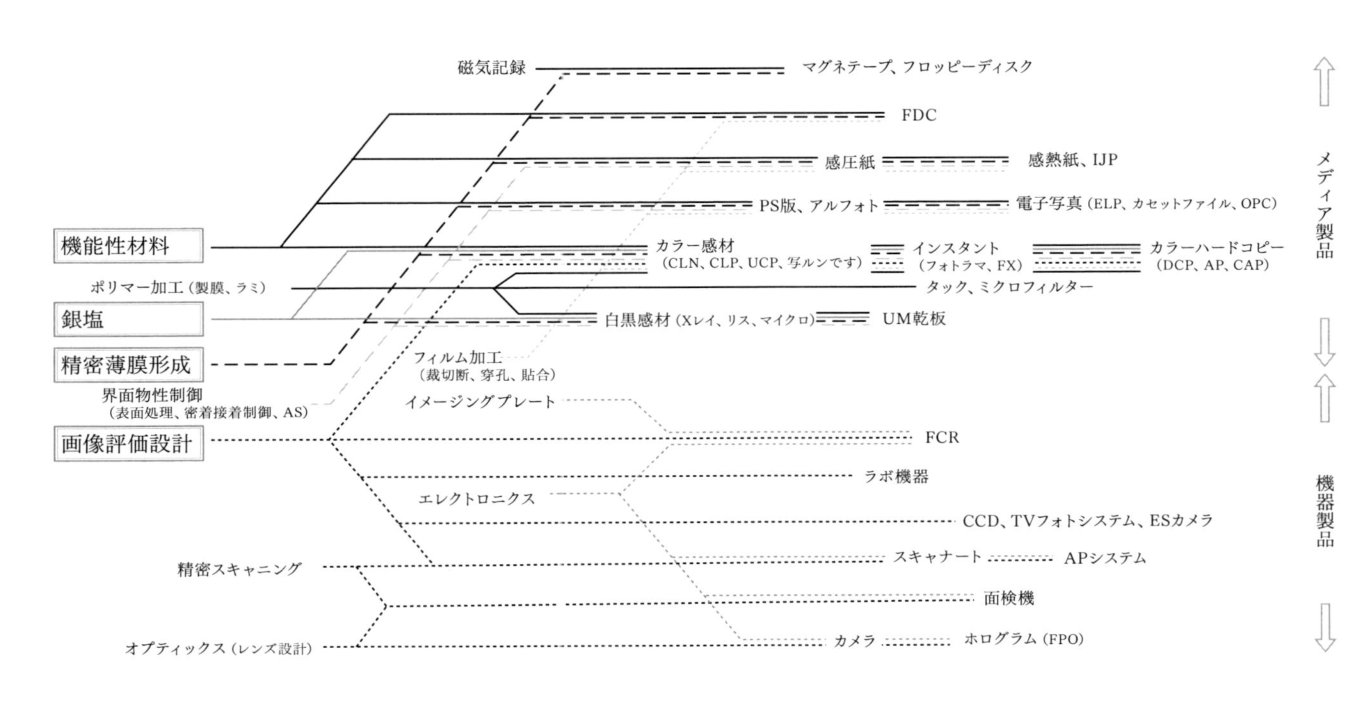

創立以来、技術の歴史はコダックの後を追いかけ、「高感度、高画質感材のあくなき追求」にあった。そのたゆまざる研究の中から、多くの優れた技術を蓄積してきた。

裏を返せば、他社に優位性を持つ「キー技術」が銀塩写真を中心とするメディア製品に偏在していることに他ならない。近年(1989年当時)力を入れてきた機器製品は、センシング、メモリー、表示、画像処理といった機能を別々のKey Partsが受け持ち、技術領域としては全く異質である。したがって、機器分野における技術蓄積はまだ浅く、「キー技術」が極めて乏しい実態となっているのも、無理からぬことであろう。

4．現状のキー技術とその概要

メディア製品を下記の4つのキー技術に分類、分析した。大きな付加価値を生み出している製品群なので、一般的な市場原理から考えると、参入が相次ぎ、競争が激化するはずである。ところが、銀塩フイルム産業は、“撤退の歴史”で、生き残ったのは最終的には世界4社(コダック、Agfa、富士フイルム、コニカ)、稀にみる寡占業界であった。技術的な参入障壁がいかに高かったかがわかる。因みに、磁気材料や感圧紙は精密薄膜形成技術というキー技術が支えているが、塗布されている磁性体やカプセルの薄膜に、機能性材料技術の優位性が生かせず、激しい価格競争に巻き込まれた。

1）銀塩技術

小さなハロゲン化銀結晶に、効率よく安定に感光機能を持たせる技術

① ハロゲン化銀粒子形成制御技術

② ハロゲン化銀粒子表面装飾技術

優位性： *コダック、コニカ、Agfaとは実力伯仲だが、感材メーカー以外との差は大きい*

発展性： *ハロゲン化銀粒子の内部構造まで制御することにより、さら*

なる高画質・高感度化が可能。その実現により、商品開発としては多様な発展が見込める

汎用性：触媒や生体機能関連物質への応用が考えられなくはないが、他分野への展開は難しい。液相反応であることも、その汎用性を狭める一因

2）機能性材料技術

① 機能性化合物の分子設計技術、およびそれと一体となった高付加価値化合物の合成・製造技術

② 有機素材を多層薄膜中の特定の位置に組込み、協奏的かつ相補的に機能を発現させる複合系の設計・加工技術

①②は、有機材料に関連した事業を展開する場合、化合物が複雑であればあるほど、また系が複合されていればいるほど、特徴を出せることを意味する

優位性：これらの素材技術は日本の化学・医薬品・食品メーカーの中では、ベストテンにランクされるし、特に機能性分子の反応設計と複合化技術では1、2を争うレベルにある。

発展性：有機化学や機能性材料は、エレクトロニクスとの複合、バイオ技術とのハイブリッドなど、大きな発展性が期待されている。大きなポテンシャルがあるとはいえ、医薬を除き、これらの分野の市場が見えてくるのは数年先と予想され、当面基礎研究が重要である。

汎用性：21世紀に本格的に花開くであろうライフサイエンス事業への潜在的ポテンシャルを有している。具体的には、医薬・診断分野、バイオイメージング素子分野、生体成分の合成・分離精製分野への技術展開が考えられる。早急にバイオ技術とのハイブリッド化～バイオミメティクスを図るべき。

3）精密薄膜形成技術

当社のメディア製品を高品質で安定に、かつ低コストで生産する、生産技術の中核をなす技術。分解すると、次の５技術で構成される。

① 支持体上に機能性材料を多層同時に精密に塗布する技術（狭義の塗布技術）

② 精密送液技術

③ 高効率・均一乾燥技術

④ 高速安定ウエブハンドリング技術

⑤ 乳化・分散・マイクロカプセル技術

優位性： 界面物性制御技術、表面検査・解析技術が総合され、レベルの高い技術群を構成している。ウエットプロセスによる精密薄膜形成、特に多層を必要とする製品分野においては、極めて高い競争優位を持つ

発展性： 膜や表面、界面を取り扱う技術は従来に劣らず重要な役割を果たすと考えられるが、塗布のように平均化された薄膜形成のみならず、超薄膜や膜分子配列のような、よりミクロに機能化された薄膜形成が必要となり、LB膜形成やドライプロセスの重要性が高まると考えられる。現在はウエットプロセスのみであることは、発展性の面からやや問題である。

汎用性： この技術は基本的には、均質な薄膜を高機能に生産する生産技術であり、新しく展開される高機能薄膜の技術トレンドからみて、汎用性は限定して考えざるをえない。

4）画像設計評価技術

銀塩写真を中心に蓄積されている画像設計・評価技術の特徴は次のとおりである。この技術はノウハウの集大成であることにより、その重要性は正確に認識されず、意識的な強化がされていない分野である。体系化し、強化発展させる必要がある。

① 画像計測・評価解析技術：画像の物理的特性を超高精度で測定し、

それを視覚心理評価に対応させる技術

② 画像解析シミュレーション技術：銀塩感材の高画質性を最大限に引き出すための階調、色表現、鮮鋭度、粒状性などを最適設計する技術

優位性：*本来、視覚心理的に評価される画像を、物理的諸特性との対応関係を把握することにより、画像として実現する各種の高精度画像測定技術。感材メーカーとは実力伯仲であるが、電気機器メーカーとの間には絶対的な差を有する。画像シミュレーション技術においても同様である。*

発展性：*今後、エレクトロニック・イメージング、各種画像記録技術の進歩発展に伴い、高画質化は当然の方向であるが、画像設計評価技術、とりわけ画像のシミュレーション技術の役割は大きい。しかし、それだけでは発展性に限界が生じてくる可能性があるので、パターン認識に代表されるコンピューターによる画像認識技術を付加していく必要がある。*

汎用性：*この技術の発展は、エレクトロニック・イメージングの進歩とともに、画像の利用領域を拡大するばかりでなく、各種産業、医療などにおける自動検査、自動診断への発展応用が考えられる。*

◉── (4) 当社現有の“技術の核”

さらに進んで、現有キー技術を優位性、発展性、汎用性の観点から分析した結果、当社現有の**“技術の核”と言えるものは、機能性材料技術、画像評価設計技術の二つ**であるとの結論に至った。この二つについての概説は前項のとおりであるが、画像評価設計技術については、ノウハウの集合体であり体系化が不足しているので、技術の核としては脆弱だとする議論が何度も繰り返された。「精密薄膜形成技術（塗布技術）」については、“技術の核”とすべきであったとする意見もあり、今なお（2020）、議論が分かれている。片や「技術の核は、会社を引っ張る原動力。塗布技術を高めていったら新しい事業に結びつくのか？　Whatは出てこない」という主張。もう一方の主張は「塗布技術で事業を生み出せる、革新できるとは言えないが、事業としての強い競争力の源泉になっている」「当時（1987年）は深掘りが足りなかった。深掘りしていたなら、半導体も塗布方式でつくれる可能性はあった」と、三者三様なのだ。

◉──（5）「キー技術」「技術の核」抽出プロセスを振り返って

このプロセスには多大な時間とエネルギーを要した。「保有技術」をここまで、純化して考えたことは少なく、ましてや他分野の技術理解は骨が折れる。そして、３要素の評価も困難を極めた。「優位性は本当にあるのか、その根拠は？」との問いや「発展性」についても、情報や見識が乏しく、将来他分野での「汎用性」はより難題だった。他分野にはそもそも疎いうえ、この不確実な将来をどのように見通すのか。

生産技術を担当する小倉は、そのときの心境を次のように語っている。「将来、どのような生産技術が必要かという問いは持っていたが、社内にどのような技術があるのかなど、考えたこともなかった。生産技術の世界の中で安住していたのだと思う」。

チャランケのキー技術、技術の核の議論を通じて、学んだことを整理してみる。一部は最近のインタビューから。

1.「技術の本質」の深掘り（普遍化、原理化、体系化）の重要性

４つのキー技術について、社内では通常、銀塩技術、材料技術(少し乱暴だが)、塗布技術、画像設計技術と呼ばれていた。それはどのような技術群で構成されているのか、優位性を実現しているコアは何か、さらにコアの部分の本質は何かを突き詰めていった。そのうえで、その技術をどう表現するのかも丁寧に議論した。

たとえば、塗布技術はその本質をさんざん議論した。「塗布技術」という表現では本質を見失うということで、「精密薄膜形成技術」とネーミングした経緯があった。しかし、戸田は当時を振り返って次のように語る。
「塗布技術は、もっと深掘りすべきだった。超薄膜、超短分散、超微粒子で結晶は強烈な放電、少しドーピングを加えると原子レベルで捉えられる。そこまで深掘りすれば、今の半導体を超分散的な発想で捉えられ、塗布方式でつくることも可能になる」。

2.「技術経営」の中心に置くべき概念：「技術の核」と「3要素」

＜技術の核＞表面的な理解にとどまらず、はらわたに沁み込むまで議論

メンバーに、チャランケで最も印象に残る議論は何かと問うと、全員が“技術の核”と答えるのは間違いない。そのくらい時間をかけて何度も何度も議論した。抽象的に「“技術の核”が大切」という程度の認識では、意味がない。“技術の核”とは何か、なぜ大切なのか、“技術の核”と“経営戦略”をどのように関連させていくのか、核の数はいくつくらいが適切なのか、なぜそれが形成されてきたのかなど、全員の五臓六腑に沁み込むまで議論せざるを得なかったのだ。
「“技術の核”の概念は、どれだけ役に立ったかわからない。どこに研究投資をしたらいいのかを決めるときやM&Aなどを決断する際に、重要な概念。優先すべき研究投資という考え方が世の中では意外と少ない。キー技術と支援技術を一緒くたにして議論していることが多い」(梅村)。
「本当に優位性があるのか、“技術の核”足りうるのか、自分は純化した議論にこだわった。フイルムをつくるときに、薄膜で高品質、高速で塗れるという“塗布技術”が“技術の核”なのか？ それでもって“What”をつくれるのか、新しい事業に結びつくのか。会社を引っ張る原動力にはならないだろう」(世羅)。

＜優位性＞競争優位の源泉は何か、本当に優位性があるのか

「(いろいろなことが)**できる**」と「(圧倒的に)**勝てる**」は全く違うが、その峻別のむずかしさを痛感させられるプロセスだった。競争優位を築けず収益の上がらない事業について、その根本原因を議論していくと、自社の得意技、コアコンピタンス、技術の優位性の脆弱さが浮かび上がった。

優位性を築く要因は、技術だけではないが、それは大きな要素であり、"技術の核"の優位性の議論においても、「**本当に優位性があるのか**」と厳しく問わないとつい評価が甘くなる。

有機合成などの学際領域は、大学の研究者などを通じて俯瞰的に捉えやすいが、自分のやっていることは正当化しがちで、客観的な議論がむずかしかった。特に画像評価設計技術は、技術が社内に分散しており、体系的に蓄積されていないことがネックになった。

そして、大津は「チャランケ以降も自分の担当事業は何が強みなのかを考え続けた。特に画像処理技術。自分たちのやっていることに何の価値があるのか、コアコンピタンスは本当に何かが、自分の中に沈着したと思う」と語る。

＜発展性、汎用性＞「本気になって」調べないとわからない

社内外の識者を招いたり、訪問したりして精度を高めようとしたが、土地勘がない専門外の者には評価が難しい。「本気で考えたことがない人が多いのではないか。本気になって調べないとわからない。当時(1987)は、『仮説があって、それに都合の良い例を探して結論を導く』作業をしてしまった気がする」と梅村は語る。また、戸田は"汎用性"について、「ハロゲン化銀生成技術は汎用性がないと結論付けたが、時代によって変遷していくことが今になってわかった。市場はその時代の産業構造によって変化していくものだ」と語る。

第6章

10年後のドメイン（戦略的事業領域）と戦略的な「技術の核」づくり

◉――(1) ドメイン論の主要な論点

前章で明らかにした現有の「技術の核」をベースに、10年後のドメインとその基盤となる「戦略的な技術の核づくり」について検討した。「機能性材料技術と画像評価設計技術を有効に事業展開できる分野はどこか」「この二つの技術の核だけで戦えるのか～戦略的に強化すべき技術の核は何か」「それぞれをどのように発展させていくべきか」という命題である。

背景には、“技術の核”との結びつきが薄い分野にまで、事業範囲が拡散し、当然の帰結として苦戦を強いられているという問題意識があった。「俺は何屋？」という問いに答えられないことと同義である。世羅は言う。「富士フイルムは何屋？ 銀塩をやっていて、いろいろな事業に拡大したというのが経緯だが、これでは何屋かわからんというのが最初の議論だった。部長研修では、老舗の鰻屋が『今度からステーキも始めました』とすべきとの提案があったそうだが、これは話にならない。製品軸？ 事業軸？ 技術軸？ 『俺は化学屋だと思う』と言ったら、「それなら俺は会社を辞める」と怒ったメンバーがいた。「じゃぁ何屋なんだ？」と問い詰めたら(苦し紛れに)「ホームエンタテイメント」と言い出した。それをきっかけに、みんな富士フイルムは何屋なのかと考え始めた。そして技術の核という定義を確立したことで、何屋であるべきかに大きな示唆を得た」。

具体的な論点とその結論に至る議論は次の通りである。

1. 事業として、機能性材料技術をどのように発展させるべきなのか

「機能性材料技術」は、「複雑な化合物を高度に複合化する分野において特徴を発揮する」ということがその本質。しかも極めてポテンシャルの

高い技術の核である。しかし現状は、銀塩感材以外に生かされていない。では、今後、どの分野に発展させていくべきなのか。

“精密複合化学分野（Super fine chemistry）”の具体的な事業分野として、ライフサイエンス（医薬や医療診断）と機能性材料事業（分離膜やバッテリー事業）を挙げた。

前者のライフサイエンスは、系が複雑で、付加価値が高く、事業としての発展性も望めるという特徴を持つが、ハイリスクである。それに対し、機能性材料事業は、相対的にリスクは低いが、付加価値も比較的低い。

両面作戦では資源分散になりがちなので、この性格の異なる二つの分野を並列に列挙するのではなく、どちらを優先すべきかまで踏み込み、ライフサイエンスを優先すべきとの結論に至る。技術と事業の両側面におけるポテンシャルの高さを選択したのだ。

2．Physical Imaging分野において戦う土俵はどこか。その土俵では「画像評価設計技術」だけで戦えるのか。

（神谷注：当初、Chemical Imagingに相対する概念として、エレクトロニック・イメージング（EI）よりも広い概念として、Physical Imagingという用語を使っていた）

銀塩感材などのChemical Imaging分野は当社の屋台骨であり、当然今後もドメインであり続ける。悩ましかったのはPhysical Imaging分野だ。センシング、メモリー、画像処理、表示という4つのキーパーツに分離でき、Chemical Imagingとは全く技術の系が異なる。市場が蓄積の薄い新技術に代替されていくときに、市場防衛のためにどこまで深入りすべきかという問題だった。

医療・印刷システムなどの業務用分野では画像設計評価技術（デジタル画像処理など）を武器に優位な戦いをしていたが、技術の潮流がデジタル化に流れていく中で、Physical Imaging分野全体、あるいは将来を見据えると、現在保有する画像評価設計技術だけでは戦えないことは明白だった。そこでは、技術的観点から見た動画と静止画、業務用途と民生用途の本質的な相違点が検討された。

結論としては、光デバイス技術を新たな技術の核として戦略的に育成し、その特徴を生かせる高画質静止画分野に焦点を絞り、当面は業務用分野を中心に展開する。そのうえで民生用静止画分野の基盤を固めていくべきとしたのである。

◉──(2) 新しいドメインのイメージ

チャランケレポートⅠでは、新しいドメインは、それまでのドメインI&I(Imaging & Information)を否定した形となっている。第1章で紹介した部長研修でも、I&Iについての種々の疑問が出されていた。Informationが抽象的、かつ戦う武器があいまいで、I&Iは社員の共感を呼ぶものではないという指摘だった。

上記の議論を踏まえ、結論は、次の二つである。

1.「Imaging」は当社の主要なドメインである

ただし、Imaging Technologyは、Chemical ImagingとPhysical Imagingの全く異なる二つの分野からなる。各々のキー技術を明確にし、両分野とも的確に育成すべきである。

2.「精密複合化学(Super Fine Chemistry)事業をもう一つのドメインとすべきである

これまでの歴史の中で蓄積された強みの中で、技術の核と言えるものは機能性材料技術で、これは、複雑な化合物を高度に複合化する技術であり、精密複合技術と呼ぶべきものである。この技術の強化と事業としての発展を考えた場合、Bio-scienceを含むライフサイエンスに進出す

る必要がある。

◉――(3) 新しいドメインと技術の関係(図5)

新しい『ドメイン』は“Physical Imaging”へと発展させる「イメージング分野」(画像の世界)と“Life Science”へと発展させる「精密複合化学分野」(材料の世界)の二つの領域からなる。戦略としての『技術の核』は知覚・判断などの知的技術を深耕し発展させる「画像評価設計技術」と、バイオケミストリーを取り込み発展させる「機能性材料技術」、そして新たに構築する「光デバイス技術」(発光素子および光プロセス素子)の三つである。これらの三つの『技術の核』が相互に関連し合いながら技術シナジーを巻き起こすことによって、新しい『ドメイン』実現の可能性はより高まっていく。

◉――(4)　新しいドメインの位置づけ(図6)

1. 将来目指すべき方向

NIESラインは、技術ドメインマップにおいて、新興工業国と日本が競合している境界線を表す。単純なエレクトロニクスや、メカトロニクスなどの“-nics”技術は比較的容易に技術導入できるため、NIESの追い上げにあう。つまり横軸の左ほど早く、上昇する傾向にある。歴史の過程は、ヨーロッパ→アメリカ→日本→NIESへのシフトである。しかし、横軸の右側は圧倒的に先進国が強い。つまり、技術導入、蓄積のむずかしい分野と言える。

当社はこのドメインマップの右上にドメインを持つと有利といえる。

図5｜新しいドメインと技術の関係

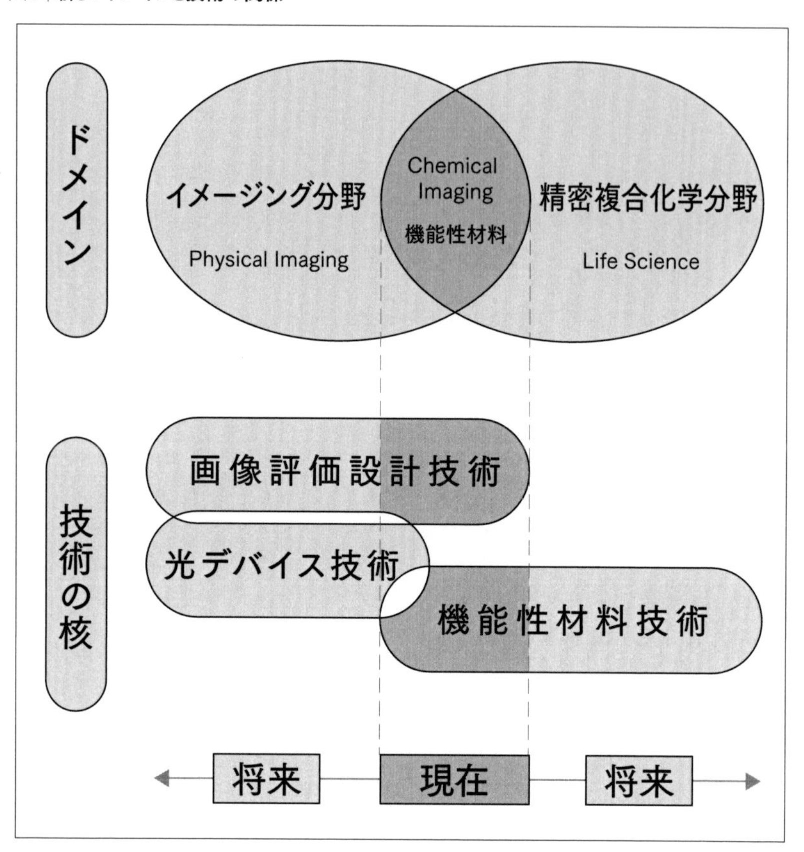

図6　新しいドメインの位置づけ

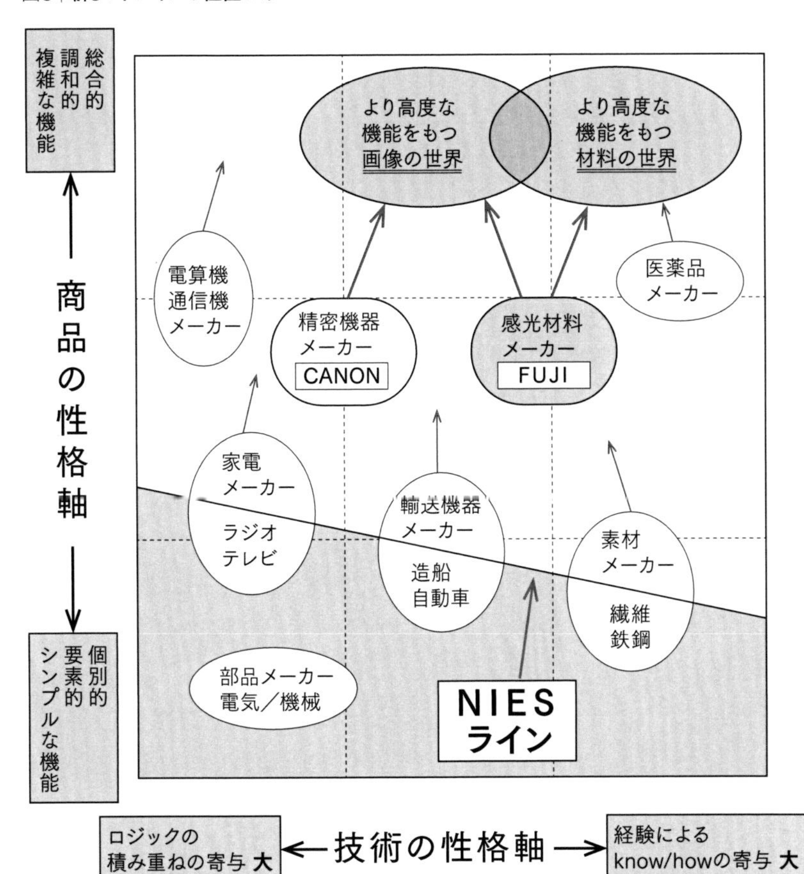

2．当社の特徴

当社は、精密複合化学のドメインを持つ他に、Chemistryのメーカーとしては例外的にエレクトロニクス方向にもドメイン設定する企業となる。

ここに当社の特異性があり、技術戦略の運営いかんで強みとも弱みともなる。われわれは当社のポテンシャル(財務、体質、人材、技術力など)を考え、このような2正面作戦が可能と考えた。(中略)このようなことを可能とすることで、当社は、材料から機器までのシステムとしての開発能力を持つ、極めて特徴ある企業となることができる。

◉──(5) 新しい“技術の核”と「その発展方向」～今こそ、戦略的な“核”づくりを

さらに、チャランケレポートでは、新しい技術の核について、具体的な発展方向を提起している。どのような組織体でどのような仕組みで進めるのかの、“How”には触れず、「攻めるべき技術領域や既存技術との融合のあり方“What”」の具体論のみである。それは最大の経営問題が、全社技術戦略がないことにある。つまり“What”問題という認識から、焦点をそらさないためにあえて“How”には踏み込まなかった。

当社が主たるドメインとしてきたイメージング分野においては、現代の大きなトレンドはChemical ImagingからPhysical Imagingへと流れている。新しい「技術の核」はこのような時代のトレンドを読み込んだものであると同時に、その技術を基盤とした事業展開の広がりと、他社に対する優位性を生み出すものでなければならない。

その際、現有の「キー技術」を効果的に活用、展開させることが望ましいが、もしもそこに拠り所がなければ、新しくつくり上げる必要があろう。

① **機能性材料技術**は、技術レベルの高さ(優位性)、汎用性、発展性すべての点で最も大きなポテンシャルを持っている。精密複合化学として、Chemical Imaging分野での幅広い展開を図るとともに、Physical Imaging分野でのキーデバイス確立にも貢献しうる技術である。また、この技術をさらに展開させていくためには、バイオ・テクノロジーを取り込むことにより将来大きなビジネス・チャンスに結びつく可能性がある。

② **画像評価設計技術**は、現在においてもPhysical Imaging分野への適応が可能であり、当社イメージング機器の性能の優位性に寄与している重要な「技術の核」である。しかしながら、この技術はノウハウの集大成であることにより、その重要度が正確に認識されておらず、意識的な強化がなされていない分野でもある。今後、体系化し、強化発展させる必要がある。

③ **光デバイス**は、今後ますます比重を増すPhysical Imaging領域でのキーパーツであり、極めて重要な役割を占める。Physical Imagingの入出力は光デバイスに依存するからである。現状では、一部を除き市販品に依存していることは、差別化を困難にするのみならず、高画質イメージングのためのノウハウの流出にもつながっている。今後、早急に、その研究を強化し、「第3の技術の核」として育成を急ぐ必要がある。

第III部

チャランケ第２幕：チャランケはいかに戦ったのか

第7章 経営トップへのアプローチ

第２章で述べたように、チャランケのコンセプトは「技術戦略をつくり、会社の変革を仕掛ける。ターゲットは社長」と「同志的結合」であった。では、完成したチャランケレポートをもってどのように経営トップへアプローチしたのか。

当時の経営体制は良くも悪くもトップ次第だったので、技術戦略をテコに大きな変革を仕掛ける相手は、明らかに社長である。だが、社長は事務系で営業中心にキャリアを積んできたので、研究開発・技術開発には疎いと容易に予想できた。疎いだけではなく、「経営は数字がすべて」「技術というのは、市場で要求されている商品をタイムリーに実現するもの」との発言から、メンバーには技術観もパラダイムもまったく違う人と映っていた。したがって、チャランケという訳のわからない（？）集団と、社長との間にどのようにブリッジをかけ、戦略内容をどのように問題提起し理解してもらうのか、命題はその２点だった。

◉──（1）Step1：主要技術系役員を巻き込む

1．敵を知り、味方を知る

当然ながら技術系役員や研究所長を巻き込むことは必須。しかし当初は、個々の役員がどのような技術観や問題意識を持っているかが把握できておらず、社長に対する彼らのスタンスもわからなかった。誰が敵で（？）誰が味方（？）なのか、判然としない状況だった。相手を知らずしては戦えない。レポートの完成前から、毎月の会合では各研究所や関連部門での動きに加え、各役員の戦略観・技術観、社長に対するスタンスについて、積極的に情報交換していた。

＜戦略観・技術観＞

経営の一線にいる技術系役員は、銀塩市場がどんどん伸びていた時代に育った世代。研究テーマを自ら設定し、事業を起こす必要はなかったので、ステージの変化について、どのような認識を持っているのかを探る必要があった。

われわれは結果として、コダックという先輩の指示に従って成長してきた。市場にのみ“What”を求め、開発効率を追求し、研究は必ず成功すべきものという研究開発体制が出来上がった。その結果、われわれは「解」の存在している問題の“How To”には熟達しているものの、技術のWhatを発想し、提唱し、研究体制づくり、事業化するというプロセスの体験に乏しい研究管理者に育った(チャランケレポートI「自戒をこめて」より)。

「自戒を込めて」として、「われわれは自戒はしたが、あなたたち(役員や部長層)も自戒すべきでしょう」とのニュアンスが行間から溢れ出ている。嫌味に映ったかもしれない。

＜社長に対するスタンス＞

誰が影響力を持っているのか、相互がどのようなパワー構造になっているのか。この最も繊細な部分についての各役員の言動は慎重で、つかみかねた。神谷は役員間のパワー構造を明らかにするために、相互の関係パターンをシンボルを用いて図形化するソシオグラムを描こうとした。

＜経営情報＞

当然のことであるが、本社でどのような動きがあるのか、経営会議にかけられた案件や、なされた意思決定を、各メンバーは知らない。全社的視点で俯瞰して考えるのに重要と思われる情報は、人事部所属である神谷が流していった。神谷は必ずしも知りうる立場ではなかったが、同じフロアにあった経営企画部にパイプをつくり、経営会議議題がわかれば、担当者にアプローチした。この情報は貴重だったようで、「大変役立った」と今でも語られている。

2．初めて表舞台へ浮上：各自が所属する長、統轄役員にプレゼンテーション

1989年1月、レポートは完成した。チャランケはそれまでの水面下の活動から、初めて表舞台に浮上した。発足以来1年5か月が経過していた。まずは役員の反応を知り、巻き込むために自部門の担当役員に説明を始め、意見を請うたのである。

「このような問題は役員が考えること。君らが差し出ることではない」と、烈火の如く怒った役員はいたが、概ね冷静で自らの知見と責任の範囲で、精一杯の誠実さを持って対応してくれた。

しかし、メンバーからは「各役員は、内容はともかく『経営トップとの議論の俎上に載せるのは不可能、あるいは成果が見込めない』と考えている」との報告ばかりだった。

ある有力役員とあるメンバーとの二人だけでの報告会。そこでの発言がすべてを物語っていた。「レポートを事前に読み、黙って集中して聞いていた役員は、慎重に言葉を選びながら、『この発言を私がしたとは言わないでほしいが、当社には問題がある。ただそれを是正するのは大変なことだ。君ら若手は頑張ってほしい』。リスクを犯した発言であったろう」と、そのメンバーは語る。

◉──（2）Step2：事務系トップへのアプローチ

技術戦略の問題ではあったが、当初からこれは経営問題であり、技術系VS事務系の戦いの構図や研究開発部門内だけの問題にしてはならないと、神谷は考えていた。技術トップが最重要のキーマンであったが、事務系トップ（経営企画部長）をいかに巻き込むのかも大きな課題であった。1988年11月、人事部長が交代、新人事部長がチャランケレポートにかなりの関心を示した。彼は部長経営戦略研修の受講者であり、ポイントを的確に捉えていた。

彼によって、1989年4月、次期社長候補と噂されていた事務系トップの専務取締役経営企画部長とメンバー全員との報告会が開催され、会合は8時間に及んだ。経営企画部長の受け止めは極めてポジティブであり、「感激した」との言葉も出てきた。内容への同意、共感というより、極めて論理的に全社戦略論を緻密に詰めたことを評価してくれたのかもしれない。驚くべきことに、2〜3日後、その事務系トップ自らが技術トップに「チャランケというグループがある。そのメンバーが技術戦略についてレポートをまとめたので、ぜひ聞いてやってほしい。このレポートをどう取り扱うか、どう評価し、どういう形で進めるかについて、人事部長も入れて相談したい」との書面を書いてくれたのだ。

◉──(3) Step3：技術系トップ&事務系トップへの報告会

そして、土曜休日を使って、メンバー全員との報告&意見交換会と、その後の会食会が実現した。

技術トップは、レポートは事前に読んでいたが、「ドメインを明確にし、技術戦略を策定して経営をすべき」というわれわれの基本スタンスに反論や共感はなく、具体的なデジタル画像分野、チャランケレポートでは、動画領域は画像評価設計技術が生きる分野ではないとしている動画の捉え方の議論となった。

会合は6時間に及んだが、最後は「全体の技術論は充分理解できる。具体論／実行論を出すよう」指示を受けた形で終了した。じっくりと話は聞いてもらえた印象があり、何らかの動きがあるのではないかと、期待したのだった。

だが、何も起こらなかった。『紳士的な無視』に終わった。

メンバーには“技術の核”の主張はロジカルなので、理解されて経営に反映されるかもしれないとの期待感が大きく、「好意的な反応」に思えたが、次第に失望感が広がっていった。理解したうえで「そう簡単にはいかない」ということなのか、理解されていないとしたら、それはなぜなのか？

「極めて早い時期から、デジタル画像の重要性を主張していたので、“技術の核”論とは別に、デジタルイメージングをやりたかったのではないか。チャランケの考え方で進んだとしたら、自分が推し進めてきたデジタル画像路線と自己矛盾を起こしてしまうからではないか」との、ドメインをめぐっての考え方の相違ではないかとの見方が大勢を占めた。

さらに、「最後に『具体論』を持ち出したのは、逃げ口上」「社交辞令的」「自分にとって都合の良い部分の『いいとこ取り』」「(パワー差の問題で)社長にはとても持ち出せないと考えた」など、さまざまな見方が交錯したが、いずれにしてもこの経験を経て、「(経営に対する)無力感」「(何を言っても)犬の遠吠え」的な感覚が芽生え始めたのは間違いない。

社内では、チャランケレポートは“お蔵入り”になってしまったが、両トップから「われわれが信頼されるようになった」との証言もある。「チャランケはとんでもない」という受け止めではなく、報告会後、両トップから信頼されるようになったというのだ。「その後、５億円の投資案件について説明したことがあったが、４日後の経営会議にかけてもらった。こんな短期間で経営会議に通してくれることなどありえない」「自分が関わる経営会議案件があるときには、自宅に何度も電話があった」。

「君たちと考え方は違うが、よく考えた。排斥はしない。自分のできる範囲ではサポートしたい」ということか。その真意は測りかねるが、一方で“無視”、他方で“信頼とサポート”が起こったのだ。

◉──(4) Step4：社長に届かなかった『チャランケの想い』

現実には、何も起こらなかった。おそらく、両トップから社長へレポートは届かなかった(のだろう)。

神谷は人事部長名で直接社長宛にレポートを提出しようとしたが、叶わなかった。手元には今も人事部長印のない平成元年4月作製の書面がある。そこには、「社長に直接『思い』と『考え』を報告、お話したいと希望」と書かれている。

一方、「チャランケレポートが両トップに上がり、長時間の報告会が行われた」とか「事務系のトップが何か所かで『チャランケはいい』と言っていた」という噂が伝わると、最初は冷ややかに見ていた役員も気にし始めたようだとか、静かな波紋は起きていた。

第8章

待ち伏せ戦略への転換

◉——(1) チャランケⅡ(待ち伏せ戦略)の展開

1.『チャランケレポートⅡ』と『チャラ思想の普及』を柱に

技術&事務系トップへの報告会以降、レポートは社長に届かなかった。甘い期待を持っていたつもりはなかったが、期待は徐々に失望に変わっていった。

「わが社はすぐには変わらない」「なぜ変わらなかったのか、変えられなかったのか」。だが、どうしても変えないといけない。気力はまだ十分に残っていた。

そして、メンバー相互の深く多様な議論が「新鮮かつ血となり肉となる」ことは求心力であり続けた。そして、「待ち伏せ戦略」に目標を転換する。

「待ち伏せ戦略」とは、いずれ「技術戦略が必要なとき」が来るはずだから、そのために「**準備しておく**」という考え方だ。どのような状況で「必要なとき」が来るのか、「いつ来る」のかはわからなかったが、『**チャランケレポートⅡ**』をつくるとともに、『**チャラ思想の普及**』を柱にすることとした。

2. チャランケレポートⅡ:二つの骨格「今こそ技術戦略の再構築を」「パラダイム転換」

「待ち伏せ戦略」としてはみたものの、経営トップとの「共振」が挫折した中では、次のステージをどのようにつくっていくべきか、その「シナリオ」が見えなくなった。「技術戦略をつくり、それをテコに会社を変える」という、ゴールに揺るぎはなかったが、経営陣との間に橋が架からないことが明確になった今、どうすればゴールに到達するのか。もっと徹底した議論が必要だろうが、それは非常に難しかった。報告会に多少の期待を持っていたので、それが挫折したときに生じた“失望”や“無力感”が影響したのかもしれない。「チャランケⅡの活動を始めるに際して、“作戦”の議論を前ほどやっていない。具体論に走らず、ドメイン論をさらに広めることに注力すべきだったのではないか」(大津)。「『経営側は聞く耳を持たない』状況を経験して、チャランケレポートⅡでは、“犬の遠吠え”的な感情に流され、各論を言いっ放しで終わり、『判断はお任せします』になってしまった。どのみちべらぼうに儲かっている時代だったから、経営側は聞く耳を持たなかっただろうけど……」(宮原)。

それでも、メンバーは『レポートⅡ』作成にエネルギーを注いだ。あの状況で、エネルギーがよく湧いてきたものだが、相変わらず欠席者は皆無だった

チャランケレポートⅡの骨格は、**「再度『技術戦略の必要性』を問うこと**、そして、**『パラダイム転換の重要性』**である。チャランケレポートⅠ以降3年を経過し、経営環境がさらに変化し、われわれの認識にあらたな進化があった部分である。各論提示とせず、その2項目をもっと前面に押し出せば、大きなインパクトがあったかもしれない。

◉──(2) レポートⅡ：技術戦略の提案を再度世に問う

「事態はさらに悪化している」として、将来の成長に役立つ“構造的”“根本的”な策として、『技術戦略』の面からの提案を再度問うた。

ここ数年経営によって打たれている策は、悪循環を招くものとして、真っ向から否定するレポートで、明らかな経営批判である。各役員にも届けたが、叱責も含め、反応は皆無であった。

＜内容骨子＞

1. なぜ、チャランケⅡなのか

1987年の発足以来、何度にも及ぶ議論を通じ、当社の技術は曲がり

角にあることを改めて認識した。そして、このことは個々の研究現場におけるマネージメントや、研究者の努力により解決できるものではなく、会社全体の"技術戦略"に関わる問題との結論に達した。

そしてその2年後(1989)、われわれは技術戦略策定のための「思考と行動原理」および「技術戦略の提案」である"チャランケレポートⅠ"を発表した。

(中略)

現在(1992)の状況はどうであろうか。残念ながらわれわれの認識では、若干の変化はあったものの事態はあまり変わらず、むしろ悪化の方向に進んでいるのではないかとさえ思われるのである。

では、われわれはこのような停滞の構造的原因をどう捉えているのか。

① 近年の低成長は、過去における"新規事業の仕込み"が極めて少なく、そのツケが回ってきていると見るべきである。

② R&Dにおいて、現在取り組んでいるテーマも、その多くは主力事業の維持拡大に配分されており、将来のタネづくりは誠にお寒い状況にある。

③ 社内のあらゆる部門、特にR&D部門において強い危機感があるが、この"インパス(袋小路)"からの脱却を阻んでいるのが"総人員抑制"に代表される、経費、人件費、設備投資の"効率化施策"であり、短期的な"利益至上主義"である。

④ 一方、このような中でもかなりの投資を投入している"8mmビデオ"は当社としては"成長のシナリオ"を描きにくいものである。

端的に言えば、将来の事業の仕込みと育成がうまく行かず、その結果として売上高営業利益が長期低落傾向になってきている。それを脱却するために打たれている施策が、長期的な芽を阻害し、将来のための基礎体力の低下を招いているという"悪循環"に入ったと言える。

真に将来の成長に役立つ"構造的な"あるいは"抜本的な"策を打つ必

*要があると考え、**技術戦略の面からの提案を再度、世に問う**ものである。*

2．基本スタンス：『市場志向のパラダイム』から『技術志向のパラダイム』へ（図7）

チャランケレポートＩでは、「コダック後追い」とか「How志向」という問題認識は明確にあったが、“パラダイム”という概念は登場していない。なぜ、経営側は無視したのか、その原因を、「パラダイム」という概念で掘り下げると、本質的な要因が浮かび上がってきた。「市場志向」から「技術志向」への『パラダイム転換』が必要なのだ。

コダックをお手本として、当社は高度成長を遂げてきた。このような状況下での“技術開発”とは、（コダックが拓いてくれた）市場ニーズを商品として実現する技術そのものの開発であり、具体的なテーマは彼らの商品を意識し、相対論的な観点でのみ設定されてきた。従って、“将来”とは彼らの動向を徹底的に“読む”ことであり、開発は失敗してならないものというパラダイムであった。

*このパラダイムを『**市場志向のパラダイム**』と呼ぼう。*

この『市場パラダイム』においては、“大きな市場、利益が明らかにある”という定量的に明示された提案を受け、合理的と“判断”されるなら、技術開発に着手してきたと言える。その時代を的確に切り拓き、生き抜いてきた富士フイルムに「技術開発はこのようなやり方が最もよい」という風土、価値判断の基準ができたことは、容易に理解できる。もちろん、日常の企業活動の成否は、このパラダイムでの判断の的確性に左右される。しかしながら“技術開発”における『市場志向のパラダイム』の効力は“今日”そしてせいぜい“明日の午前中”までであろう。

“明日の午後”そして“あさって”における『新しいパラダイム』が問われる時代に入ったのである。

（中略）

図7｜研究開発におけるパラダイム

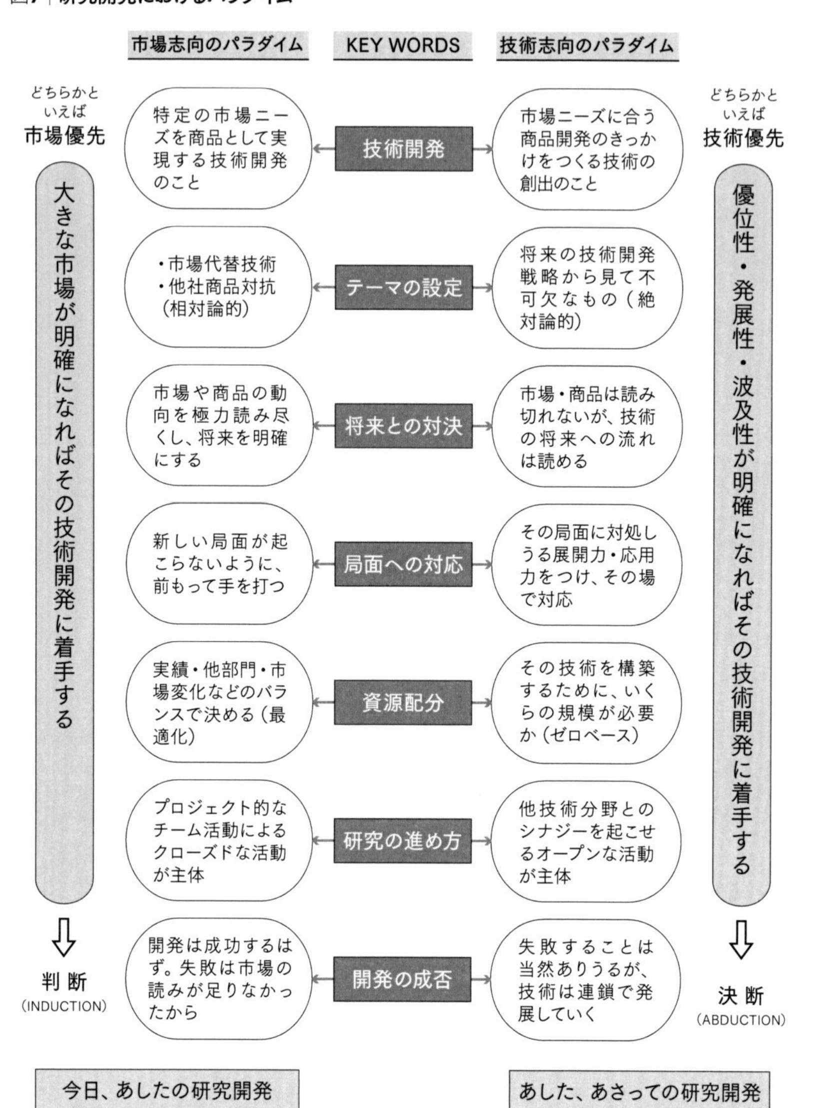

われわれの“基本思想”とは、『商品や市場の将来は読めないが、技術の本質あるいは将来に向かう技術の流れは、読むことができる』ということかもしれない。

このことは、商品開発のための研究と、技術をつくることとはベクトルが異なることを意味する。われわれの考え方は、技術の流れを把握し継続的に発展、強化するシステムをつくっておいて、その技術をバックボーンとした商品企画、開発にトライする構造が必要だということなのである。

これからの技術開発のテーマは、将来を見据えた“技術開発戦略”から見て絶対論的に、すなわち必要不可欠なものとして設定することが必要と考えられる。

*これを『**技術志向のパラダイム**』と呼ぼう。*

われわれのいう“行動原理”とは、このようなことが前提になっている。

パラダイムとは

パラダイムは過去の成功体験を通じてつくり上げられてきたものなので、強固かつその組織に染まってきた人間には認識しにくい。要は、「自分の染まっているパラダイムに気づかない」ということである。経営／事業／技術などの環境が変化したにもかかわらず、パラダイムは旧態依然としたままで、新しい環境に適合できない例は枚挙にいとまがない。変化を妨げるのは、心理ロック（心理的に鍵がかかった状態と呼ばれる、人々の思考の枠組みや感情面から思考の硬直化を引きおこすこと）と、システムロック（旧パラダイムで築き上げられてきた仕組み）の二つのロック（鍵）がある。

３．ドメインに関わる主張：EI事業には深入りすべきでない。将来を託すべき分野は精密複合分野である。

チャランケレポートⅠでは、ドメインはイメージングと精密複合化学（Super Fine Chemistry）の二つが目玉であった。それをさらに発展させ、レポートⅡでは、次の通りの主張を展開した。

「当社はエレクトロニック・イメージング（以下EI）事業という大変な領域に舳先を向けている。EI事業には深入りすべきでない」「将来を託すべきは精密複合分野だ」。

その背後には、いずれ銀塩感材は衰退していくという認識があった。

①売上高成長率が伸び悩んでいる。そして1992／下にはマイナス成長も予測されている。当社の将来を銀塩感材事業にいつまでも託すことはできないかもしれない（神谷注：レポートでは、EIシステムは銀塩感材と「棲み分ける」としていたが、1997年以降カラーフイルムの国内出荷量の衰退がはじまり、予想外のテンポでわずか10年の間に1/10までに縮小してしまった）。
②新しい戦略が軌道に乗るまで、銀塩感材の延命を図るべく手を打つ
③EI事業は得意領域の業務用高画質静止画領域に特化し、深入り（８mmビデオなど）すべきでない。
④将来を託すべき分野は、精密複合分野（ライフサイエンス、高機能材）である。
市場はまだ見えていないが、積極的に投資すべきである。

これらは、チャランケレポートよりも、さらに踏み込んで問題を提起する内容であったにもかかわらず、各論併記という形でまとめてしまっ

たので、全体のストーリーは明快さを欠いた。EI事業に深入りしないとする部分ではチャランケ内部でもほぼ認識は一致していたが、銀塩感材の将来については、社内では楽観論も多く、チャランケ内部でも意見は分かれていた（神谷注：2002年頃の取締役会で、経営トップが「もはや感材では将来はもたない」と発言したことを印象的に覚えている。国内出荷が急落を始めたのが、その頃であった）。

宮原は次の通り述懐する。

「チャランケレポートⅠでは、長期戦略として図5の『新しいドメインの位置づけ』でノウハウ支配のSuper Fine Chemistryと論理支配のImagingの方向に進む選択肢があるとした。しかし、銀塩感材がいつまでも当社を支えられるとは思えなかった。さらに、レポートⅡ『EI事業に取り組む意味』を検討する中で、“材料/化学系企業と機械/電機系企業の企業規模（従業員数）と業績（売上高／営業利益）の関係図”（図8）から、材料/化学系の方が基本的に利益率が高いこと、イメージング企業に変身するには、パイオニア並みを目指すにしても、新たに数千人規模の新規採用が必要で、私の思いとしては『これは採用できない戦略だ』ということを示したかった」。

「しかし、銀塩が絶頂期であった時期に、その戦略を否定するような内容は、とても書けなかった。過渡期としては銀塩フイルム事業を少しでも生き延びさせる戦略が最重要で、その点ではイメージング戦略は不可欠だった」。

難しい問題である。当時、銀塩感材は絶頂期であった。EIと銀塩は、当時は棲み分けるという見方が大勢であり、だれにも正解は予測できないものであった。

ただ、明確には書かれてはいないものの、「銀塩感材が衰退した場合という、最悪のケースを想定した戦略代替案を示したかった」（宮原）。

図8｜従業員数と売上高、営業利益（1990年度）

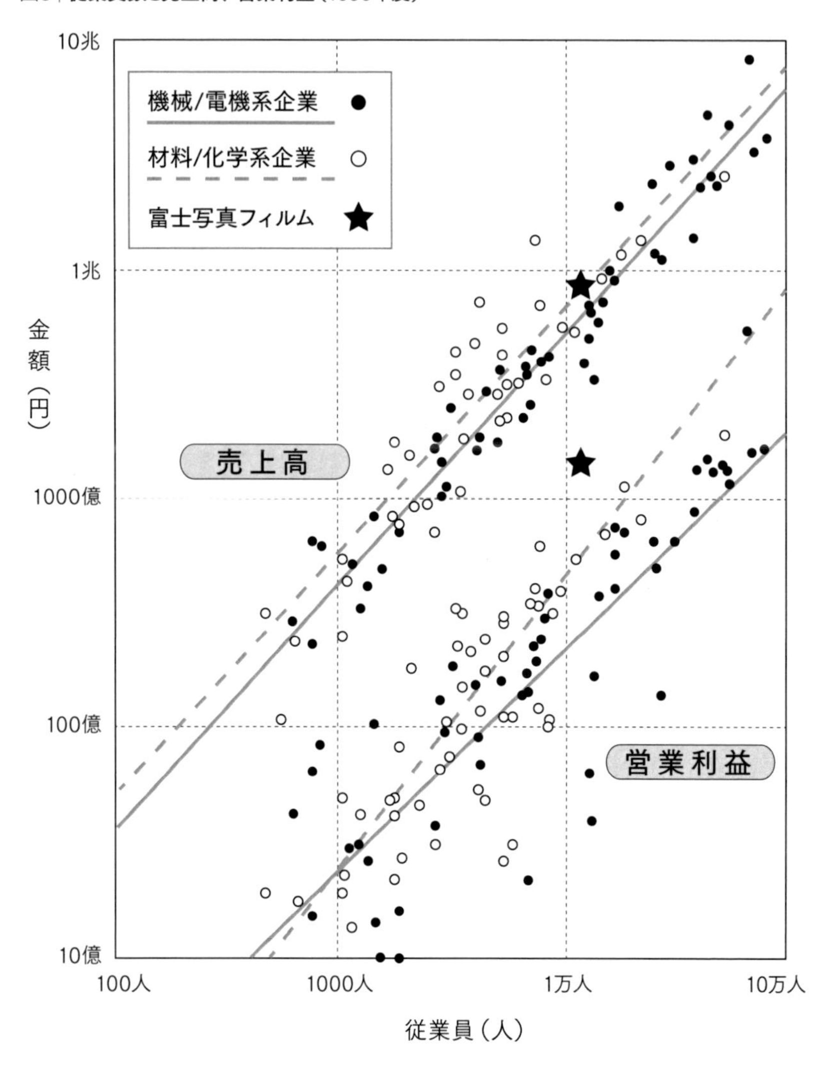

4．チャランケレポートⅡ：各論編

「新しいドメインと技術の核」及び「パラダイム転換」について、チャランケレポートⅠから、さらに踏み込んだ提起に関わる各論を、下記１～４で紹介する。

それ以外の独立性の高い各論を下記５～７に簡潔に要約した。

１）EI（Electronic Imaging）事業の技術戦略

EI事業分野を４つの領域に分け、それぞれについて主として技術的観点から評価を加え、技術戦略を提案した。「業務用高画質静止画」の領域を中心とし、技術の核に加え、最も重要な機能である「入力デバイス」の技術を徹底的に深める必要があるとの主張である。

民生用動画領域（典型例：８ｍｍビデオ）

電機会社が最も得意とする技術領域。この領域には当社が武器にできる技術はない。

業務用動画領域（典型例：放送用画像システム）

高度なエレクトロニクス技術の中心領域で、特殊技術を有する電機会社が強い

民生用静止画（典型例：デジタルスチルカメラ＝今でいうデジカメ）

生産技術的には電機会社が強い。画像処理技術が生きる領域だが、現状のNTSCレベルの画質ではこの武器の効用は少なく、HDTVになって初めて生きてくる

業務用静止画（典型例：FCR＝デジタルX線医療画像診断システム）

生産技術的に電機会社の強みは出にくい。当社の武器が充分に生きる領域である。また、この領域は電機会社の市場ではなく、印刷、医療分野に広がっている。電機会社と競争して勝てる可能性は高い。

2）EI事業に取り組むという意味（図8）

EI事業に、本格的に進出するということが、どのようなことを意味するのか。それは次の２点であるとした。

① 今後10年間800人／年の採用と、それに見合う投資が必要

② それが、うまくいったとしても（材料／化学に比べ利益率の低い）電機会社程度の利益率を覚悟しなければならない。当社はそれをやろうとしているのか、やれるのか、それともやることが良いのか。

当社の将来と関連が出てくるであろう国内の機械/電機系企業と材料/化学系企業の、1990年における業績(売上高と営業利益)と規模(従業員数)を、両対数グラフで表すとよい相関を示していた。特に売上高は相関係数が0.97もあり、これは"常識的な"企業が健全な努力をすれば、売上高は従業員数から、ほぼ一義的に決まることを意味する。また一人当たりの営業利益は材料/化学の方が大きく、規模が大きくなるほど機械/電機系企業との差はさらに広がっていく。

当時、部長経営戦略研修では、10年後の売上規模を２兆円ぐらいの規模にしたいという暗黙の合意があった。売上構成比が現在10％のEI事業を、仮に10年後に20～25％と見積もれば、そのときのEI事業の売上は4,000～5,000億円となる。

当社が8ｍｍビデオに参入し、それらの商品で4,000億円以上の売上高を確保することは、パイオニア(1990年売上3,964億円、従業員数8,083人)と同程度の会社を新たにつくる話になる。
当社は大変な領域に舳先を向けている。実現が極めて難しい基盤の整備や、莫大な投資が必要とされる。それとも当社は、EI事業における特別な武器を持ち、"常識的な"電機会社をはるかに上回れる"非常識な"会社であるという確証があるのだろうか。

3）機能性材料の可能性

イメージング材料以外の取り組みの貧弱さを訴え、機能性材料技術の特徴(第4章で詳述した)を強調しながら、そのポテンシャルを果敢に攻めるべきと主張した。当時取り組んでいたのは、バッテリー、膜事業、医薬の基礎技術構築程度であった。

具体的な本命の提案として、医薬を訴えた。リスクとして、①国内外の激しい企業間競争、淘汰と吸収合併　②長期にわたる研究開発投資と開発リスク　③当面は、開発、販売のための医薬専業メーカーとの提携が必要　④薬効、薬理評価を含む生命科学分野の未経験の技術構築が必要、としつつも、事業参入を視野に医薬品開発の取り組み強化を提言した。

(神谷注：当時MIT利根川教授などから免疫分野の医薬品開発を目的とするベンチャー企業設立の提案があり、子会社設立が決まっていた)。

4）ウソつきサイクル ～新規事業展開の構造的欠陥・パラダイム

<ウソつきサイクルとは>

新規事業開発において、技術サイドが陥りがちな構造を、われわれは「ウソつきサイクル」と呼ぶ。

本来はまだ探索段階、事業性や技術の素性の判断ステップにありながら、研究を続けるために、事業会議に懸けさせられていた。そして判断できる段階でもないのに、完成時期、売上、利益など将来の“約束”をするのである。そうしなければ、研究を続けられないからである。

ここから「ウソつきサイクル」が始まる。技術も市場も不確実なのだから、実績は当初の計画を大きく下回ることが多い。そのため、「あまりにも当たらなさすぎる」「内容が悪い」という認識がトップマネジメントに生まれ、さらに詳細な計画を求め、提案者は苦し紛れに大きな市場規模予測と売上／利益予測をつくる。

その窮地を乗り越えるために、次こそはと、更なる約束をするのだが、トップマネジメントの技術陣への不信感は高まり、さらにプレッシャーを懸け続ける。見事な悪循環、“ウソつきサイクル”の完成である。破綻はほんの数年後にくる。提案者は「全部がうまくいけば達成できたはず」「事業計画は未達成であっても、技術は残る」と、自らを慰めるのである。このウソつきサイクルの事例は枚挙にいとまがない。

新技術の探索、原理の確認、新規事業や新技術の素性の判断ができるシステムがあればと、いわれる所以である。

しかし、システムがあればこの問題は解決できるのだろうか。答えはNoである。なぜなら、この問題はパラダイムのミスマッチが根本原因だと考えるからである。

「うそつきサイクル」はパラダイム転換の重要性を訴える内容である。異なるパラダイム間での論理的説得は極めて難しいけれども、パラダイム転換が起こる第一歩は、自らのパラダイムを直視することから始まる。次章で詳しく述べたい。

5）研究所の再編成

当時の研究組織名は、地名を冠したもの、研究する材料を想定したもの、所属する事業部を想定したものがあり、さらに研究組織の性格付けとして「研究所」「研究部」「開発センター」「研究センター」「開発部」という名称が組み合わされて使われていた。その役割、ミッションが明確にされていないことは憂慮すべきとして、再編成案を提示した。基本の考え方は、企業ドメインの技術軸によるセグメンテーションである（神谷注：現行の研究組織はこれに近いものとなっていると言われる）。

① 4つの研究所、1つの研究センターに再編成する

② 銀塩研究は材料のみではなく、機器を加えたシステムとして行う

③ 非銀塩感材研究は統合する

④ EI（Electronic Imaging）機器研究は統合する

⑤ 磁気材料研究は本来の機能に鑑み、高密度記録研究と捉える

⑥ ライフサイエンス、機能性材料、光デバイスなどは将来技術であり、まだ確固とした基盤を持たないテーマは、先端技術研究センター

に集約する

6）研究開発部門のマンパワー配分の現状と今後のあり方

富士フイルムには、α研究　β研究　γ研究という概念がある。この配分比がどうなっているのかを手分けして調査した。「目先の商品開発至上主義」に陥っているという問題意識からであった。一人ひとりが実際にどのテーマに携わっているのか。複数のテーマを担当している場合なども含め、実態をヒアリングして、累計した。

α：既存分野の新製品や改良研究、現在商品の延長線上のテーマ β：現在商品の延長線上にないテーマ、新しい市場への参入を可能とするテーマ γ：探索研究、新規事業を生み出すための基礎技術構築

調査結果

①短期の事業利益に結びつくか、テーマに取り上げないと問題が生ずるものに、大きく傾斜している（α研究に偏っている）。
②10人以上が投入されているβ，γ研究はわずか7つ。20人以上は3つ。当社の将来を背負う研究の現状としては、あまりにも少ない。
③β：丹念に見ていくと、多くは事業開発的なものより、商品開発的なものが多い。これらは市場に引っ張られて生まれたと想像できる。つまり、γ→β→αのサイクルがうまく働いていない。

考察：なぜ、このようなことになったのか、どうすればいいのか

①研究テーマ数と研究者数のアンバランスが発生している。
②そのアンバランスは、営業部門とR&D部門のパワーのアンバランスから生まれている。営業部門は高シェアを維持するため、全方

位マーケティングをし、R&D部門にプレッシャーをかける。市場志向パラダイムに対抗できないR&Dはあれもこれもとなり、β、γ研究を削減せざるを得ない構造に陥る。

③ 問題を解決するには、経営サイドで、抜本的かつ明確な対策を採る。個別事業の商品戦略の見直し、研究テーマの集中と選択、研究効率アップなどの対策では解決しないだろう。

7）何のための利益か〜“内部留保”なのか“見えざる資産”の蓄積なのか

優良企業とは、ビジョンが明確であり、そこにいたる地図を持つ企業ではないか。そのためには、現在の事業展開や新規事業への発展性などがどれぐらい開けているかがキーとなる。その能力は、先行研究や新規研究開発をどれほど行い、技術知識を獲得したかに大きく左右される。技術蓄積は“見えざる資産”であり、その質量が将来の発展を左右するのである。この観点から考えると、当社の研究開発人員は少なすぎるのではないか。新規研究は少なすぎるのではないか。

研究者を増やし新規研究を増やすと、当然の如く経営負担は増え、利益が圧迫されるとの反論があろう。しかし、われわれのパラダイムからすれば、資産（内部留保）は減らないことになる。「利益を内部留保すること」と、「“見えざる資産”として、ストックする」かの“選択”の問題なのである。内部留保にはそれなりの意味がある。だが、見えざる資産には、新規事業を開拓し、ビジョンを切り拓き、そして情報の創造主体であり、蓄積主体である“ヒト”が育つという価値がある。

この観点から、利益のあり方を見直すことを提案したい。

◉──(3)「当社の経営と技術戦略」シンポジウム(1992.4)：チャラ思想の普及

「待ち伏せ戦略」のもう一つの柱は、チャラ思想を主としてミドル層を対象に、普及していくことだった。ここでは、1991年度新任課長(約

90名）のシンポジウムを紹介するが、メンバーもいろいろな場面に出かけていき、布教活動をしていた（品川は社内で10回以上の講演をしたというが、他のメンバーもさまざまな機会を捉えて、布教活動を行った）。

新任課長シンポジウムはチャランケ主催で、土曜日10：00開始、日曜日朝解散。参加費用（1万2,000円）個人負担という設定にも関わらず、32名（内事務系10名）が参加した。新任課長以外の特別参加のメンバー12名が含まれていた。

1．呼びかけ文

新任課長の皆さん、私たちは「当社の技術戦略・経営戦略」を考えようということで5年前に発足し、現在及び将来の当社の経営のあり方を考えてきたグループです。

*そもそも私たちのこのような試みは、当社の将来に対して強い危機感を感じていた仲間が声を掛け合ったところから始まりました。当社の事業展開や資源配分はどうも変だ、勝てそうもない事業領域に出て行こうとしているのではないか、技術者が現場で大変疲弊している、将来の事業のタネがない、技術の水脈が枯れかけているなど、集まったメンバーの問題意識は様々でしたが、要は「**当社の将来の地図が見えない**」ということに集約されるものでした。*

3年前にはわれわれの活動の成果としてチャランケレポートⅠを発表し、役員層に対し、当社の経営のあり方についての提言もしてきました。

しかし、昨今の状況は皆さん方もご承知の通り、成長鈍化の傾向はますます顕著であるばかりか、将来わが社はどこに行こうとするのか、ますます見えなくなってきています。そして、将来の事業のタネは数年前よりもさらに乏しくなってきていると断言できます。われわれの危機感は以前にも増して強くなっています。

このような時期にあたり、われわれミドルは現在の状況をどう考え、どう行動していけばいいのか……。深刻かつ非常に難しい問いです。

われわれチャランケはこの問いに対する一つの行動として、今回新たに「チャランケレポートII」をまとめました。これをタタキ台として経営陣にチャレンジするとともに、同時に課長層に対してもわれわれの考えをぶつけることにより、あすの富士フイルムを考える仲間を増やし、ミドルのエネルギーを結集したいと考えた次第です。(以下略)

2．このシンポジウムが語る意味

この「**檄文**」(お誘い)を読み、土日に自費で参加した新任管理職たちや、想定していなかった事務系や新任課長以外の特別参加も予想外の人数であった。若手ミドル層の会社の将来に対する危機感はかなり高まっており、今まで積極的に働きかけてこなかったにもかかわらず、チャランケの活動に関心が生まれていた。自分たちが感じている危機感や疲弊は、ミドルの力では解決できる問題ではないだろうが、何とかしたい。しかし、どう考えればいいのか、どうすればいいのかがわからない状況と推量できた。

深夜まで語り合い、盛り上がったのは言うまでもない。神谷も大いなる手応えを感じた会であった。

惜しまれるのは、次の展開へ結び付けることができなかったことである。当初からこのようなシンポジウムのシナリオを明確に描いておけば、違ったかもしれない。もちろん何もしなかったわけではなかったが、散発的、個人的な動きにとどまり、戦略的なものにならなかった。

これ以降、チャランケ全体としての第2幕は、メンバーの異動や退職が続き、終息していった。

第IV部 チャランケの語る意味

第9章

なぜ「善戦」に終わったのか
～乗り越えられなかった四重の壁～

第６章で紹介したように、「技術戦略をつくって社長に仕掛ける」という私たちの試みは、あと一歩のところで壁に阻まれた。あきらめた訳ではないが、「長期戦」あるいは「待ち伏せ戦略」の方向にシナリオ転換を余儀なくされ、最終的には打ち手を見失った。当初からこうなることはある程度予想していたが、「失望」と、40歳代前半の課長層が草の根から始めたチャレンジにしては「よく善戦した」と自賛したい気持ちが交錯していた。

しかし、わが社の研究開発の変革すべき課題は残されたままである。このまま「よく善戦した」という自己満足では終わることはできないという気持ちは強かった。だが、「壁」は突破できなかった。

なぜ「善戦」で終わってしまったのか、その根本原因を探ってみよう。それこそが、「変革」を志す戦うミドルには、最大の財産になるだろう。

技術トップ＆事務系トップへの報告会の後、「具体論を出すよう」という指示（？）の意味をめぐってさまざまな議論があったことは、すでに紹介したが、やはり、その言葉は額面どおりの意味ではなかった。“指示”だとすれば、その後の催促がないのはおかしい。また具体論に言及した『チャランケレポートII』にも反応するはずだ。具体論を求めたのではなく、その場を収めるためにその言葉を発したのだろう。「君らの主張は理解したが、自分は違う考えだ」「社長はとてもこの主張を受け入れないだろう」が交錯したのではないかと推察している。しかし、前者であれば堂々と議論を吹っかけてほしかったし、後者であれば、あらためてCTO(最高技術経営者)のあり方とその難しさに身がすくむ思いがする。真っ向からの反論や反発は一切なかったが、その理由が「若い君らがここまでよく頑張った」という努力賞的な意味合いでしかないのなら、それは無念というしかない。

◉──（1）四重の壁とは

では、何が本当に壁だったのだろうか。神谷は次の四重の壁の複合だと考えている。

1.「技術開発のパラダイムの壁」
2.「経営観の壁：技術観と人間観」
3.「技術の核とドメイン論の落とし穴」
4.「社長とナンバー2以下とのパワー差」

振り返ってみると、そのどれもが乗り越え難い壁だった実感だが、その乗り越え難い壁が四重であったのだから、よく無謀な試みを仕掛けたものだ。特に厄介な壁は1.と2.であろう。両者に共通するのは、明確な形では目に見えず、しかも認識しにくいことである。

詳細は次節以降で述べるが、まとめると次のとおりである（表2）。

表2｜**四重の壁**

チャランケの主張	四重の壁	現状
*市場志向のパラダイムだけでは、未来は切り拓けない *不確実な時代には技術志向のパラダイムが不可欠	1. 技術開発のパラダイム	*環境が変化したにもかかわらず、コダック追随で成功した市場志向のパラダイムにとらわれている
*技術が経営をドライブすべき *競争優位実現のため、最も重要なものは見えざる資産としての技術 *技術蓄積を加速すべき	2. 経営観の壁 ＜技術観＞ ①経営における技術の 位置づけ ②技術とは何か	*経営戦略実現のために、技術を利用 *短期商品開発至上主義に陥り、技術蓄積を軽視
*価値創造の主体 *働く人々には感情がある。技術者のモチベーションは経営施策の鏡	＜人間観＞	*当面の目標にのみ集中し、やっつけ仕事に埋没 *技術者が疲弊
*技術の核とドメインは表裏 *技術の核を中核にして成長を果たすべき（技術ドリブン）	3.「技術の核とドメイン論」	*技術の核はロジカル、ドメインには想いが入り込む *市場ドリブン
*トップとCTOはベターハーフ	4. トップと技術トップ（CTO）の関係性	*圧倒的なパワー差

◉──（2）技術開発の「パラダイム」<市場志向パラダイムの限界>

第４章で「当社における技術開発の現状とその構造」について述べたが、日本企業の多くは、基礎的な技術開発をせず、欧米をお手本に彼らの商品を真似し、彼らの市場に侵入することで高度成長を遂げてきた。富士フイルムはその典型だった。その技術開発とは、市場ニーズを商品として実現することだった。この方程式で、社内システム、社員の行動や発想、価値判断の基準が出来上がっており、セカンドランナー体質が染み付いていた。だが、第8章 **図7**「研究開発におけるパラダイム」で分析したとおり、時代は変わった。主力事業や銀塩技術が飽和し、コダックには追いつき、それなりの技術やカネ、人材の内部蓄積もできた。そこで新しい領域を切り拓く必要に迫られていた。にもかかわらず、戦略、経営システム、社員の発想や行動をつかさどるのは、「市場志向のパラダイム」のままだ。

「市場志向のパラダイム」がダメで、「技術志向のパラダイム」が優れていると主張しているのではない。研究開発には本質の異なるパラダイムがあるので、研究対象、分野、フェーズにより、適切なパラダイムでマネジメントすべきなのだ。

新規事業や新技術構築に関わる意思決定、テーマ内容や資源投入が、「市場志向のパラダイム」に偏っていることを問題視した。

だが、「市場志向のパラダイムの壁」は厚かった。なぜ、パラダイム転換は起こりにくいのか、第16章で考えたい。

◉── (3)「経営観の壁：技術観と人間観」

1．技術観

「研究開発のパラダイム」のベースとなる、技術観についても触れておきたい。

トップが「技術は大切」と叫んでいる企業においても、いかなる意味で大事なのか、現場の技術者は釈然とせず、乖離があることが多い。技術観に根本的な違いがあると、溝は埋まらず壁は乗り越えられない。

1）技術を経営にどのように位置づけるのか

チャランケは、富士フイルムは技術が生命線、経営の中心に技術を据え、将来の戦略をドライブすべきだとの主張だ。そのためには"技術の核"を明確にし、その蓄積のために投資が必要だとした。しかし現実の経営は、技術を利用しているだけで、技術の水脈が枯れかけている。そこには、経営における技術観の相違が色濃く現われている。

技術立脚型経営のスタンスの企業はそう多くはないが、花王の元社長常盤文克氏は、かつて「わが社は経営のど真ん中に技術を置いている」と語っていた。その後、「わが社のコアテクノロジーは界面活性化／制御技術」と語る数多くの花王の技術者に出会った。「経営のど真ん中に技術を置く」ということは、こういうことなのだろう。

2）『見えざる資産』の観点からみた技術の本質

経営資源の中で「見えざる資産」(技術、ノウハウ、顧客情報の蓄積、ブランド、企業イメージ、組織風土やモラール)が大切なのは、言うまでもない。

しかし、実際の経営現場では売上や利益の数字がとかく最優先になる。目に見える計れる数字と、目には見えない計ることのできない『見えざる資産』では、経営者にとってその違いは大きい。短期的な数字を追うあまり、中長期的な優位性の源泉である「見えざる資産」を犠牲にする誘惑はいつもある。
「見えざる資産が最も重要」と感じられるどうか、その組織の構成員は見極めるべきだろう。

見えざる資産の重要性『経営戦略の論理』第4版(伊丹)
 i. 競争上の優位性、差別性の源泉である
 ii. つくるのに時間がかかる。カネを出しても全部は買えない
 iii. 使い回しても目減りしないし、幹は太くなっていく

チャランケが「技術の核」の重要さを主張するのは、その技術の核を中心とすることが競争優位の源泉となるばかりでなく、目減りするどころか、いろいろな事業を展開する中でさらに太くなっていくからである。技術や事業が分散すると、相互作用やシナジーが効かず、競争力が衰えてしまう。
「技術がなければ買ってくればいい」という安直な発想をよく聞くが、コアとなる優れた技術は簡単には買えず、時間とカネをかけ、育てていくものである。

3)経営にとって最も重要な資産との認識がなかった

「経営は数字がすべて」と期末成績発表会ではトップがよく語っていた。数字以外はあまり記憶にない。そのことにはいつも違和感が残った。数字はさまざまな施策の結果として現れてくるもので、大切であることは間違いない。しかし、その数字を生み出す源泉のほうが大切だ。だから「数字は結果」であって、「経営は数字がすべて」ではないのだ。人材の能力やモチベーション、組織能力や風土、技術、ブランドなど、数字を上

げるためには「見えざる資産」が重要だ。数字は客観的で、誰の目にも見えるし理解もできる。B/SにもP/Lにも載り、「管理」しやすい。一方で、「見えざる資産」は文字通り、見えない。見ようと努力しないと見えないものだ。

2．人間観

1)「ヒト」はどのような存在か

経営において「ヒト」という存在をどのように捉えるのかが、人間観である。

ヒトはコストでもあるが、価値創造の主体としての大きな意味を持つ。新事業や新技術創出のみならず、商品開発、製造技術の確立においても、技術者の基本的な役割は価値創造であろう。短期的に捉えると、今日の経営戦略の実行者、実現者であり、長期的には将来の競争優位を実現するための基盤をつくり上げる存在である。

加えて、働く人々には感情がある。任せられると活力が生まれ、細部まで指図されるとやる気を失う。成功すると達成感を味わい、失敗すると挫折感を持つ。周囲から褒められると喜び、認められないと落ち込んだりもする。短期的には、企業や自らの目標達成を喜びとし、長期的には自らの成長を願う。

企業経営にとって、この多様な「ヒト」という存在を経営にどう位置づけ、どのような人間観でマネジメントするのか、大きな課題である。それを考えるうえで、個々人の「モチベーション」が重要な「経営の鏡」となるのだ。モチベーションを指標として偏りはないのか、経営のどこに問題があるのか直視しないと、価値創造主体たる「ヒト」が腐っていくことにもなりかねない。

表3｜人材マネジメントにおける長期と短期＞（『人材マネジメント入門』守島基博）

	短期	長期
企業目標達成	短期の企業目標達成	将来戦略の構築と競争力強化のための人的能力の強化
働く人々の視点	企業目標に向かって成果を出す	キャリア発達と人材価値の向上

表3は、企業目標の達成と個人目標を長期と短期で、４つのセルに分解したものである。どれが大切でどれが大切でないということではなく、この４つのバランスについて考えるツールである。

2）人間観の相違

この問題についてのチャランケの分析はすでに示したが、目先のやっつけ仕事に追われ、自分や会社の将来が見えず、技術者が疲弊している。経営は「ヒト」こそすべて、ヒトが腐ったら、新事業、新技術、新商品も生まれてこない。

経営の基盤となる「ヒト」という見えざる資産をめぐっての「人間観」の隔たりが壁として、立ち塞がっていたのだ。

◉──（4）“技術の核とドメイン論”の落とし穴

1．“技術の核”と“ドメイン”は表裏の関係ではなかった

われわれの「戦い」が善戦に終わった３番目の原因は、“技術の核とドメイン論”の落とし穴に落ちてしまったことだ。“技術の核”と“ドメイン”は表裏の関係にあるはずと断じたところに落とし穴が潜んでいた。“技術の核”論が理解されれば“ドメイン”も理解されると考えていたが、その二者はしばしば分離する。そのことに考えが至らなかった。

第６章で述べたように、チャランケレポートでは、新しい技術の核として、機能性材料技術、画像評価設計技術、光デバイスを挙げ、進むべ

きドメインは“イメージング分野＆精密複合化学分野”とした。加えてEI事業については、すでに事業として着手していた８mmビデオを明確に否定した。民生用静止画（デジタルカメラなど）については、否定はしなかったが、生産技術において電機会社には劣るので、まずは、競争優位が確立できる業務用分野（医療・印刷など）に開発投資を重点化すべきだとした。

そして、医薬・診断分野、バイオイメージング素子などの技術的なポテンシャルが高い精密複合化学分野において、長期的かつ息長く、積極的に投資すべきと主張したのだ。

この主張は技術論の観点からは至極ロジカルで、長期的には、写真会社ではなく、化学会社にシフトしていくべきということになる。

ドメインとは『企業が事業活動を行う領域の設定』であるが、『企業のアイデンティティの設定』でもある。ドメイン設定により、社員にとっては、①社員の注意の集中すべき焦点が定まる　②経営資源の蓄積に関する指針となる　③組織としての一体感が生まれるのだ。

しかし、“技術の核”の帰結がそうだからと言って、精密複合化学会社を目指せば、“組織の一体感”が生まれるのか。ここに落とし穴があった。

2.“技術の核”はロジカル、“ドメイン”は「想い」

技術＆事務系トップへの報告会が、なぜ空振りに終わったのか。

大津は次のように語る。「“技術の核”論は理解されたと思うが、あの二人にも“想い”がある。だから、想いも含めて通じたかどうかは疑問だった。技術トップはイメージングに思い入れが強く、それ以外は本当はやりたくなかったのではないか」。

技術トップは入社以来、コダックに比べずっと劣位にあった写真感材の開発一筋に歩み、逆転した人だ。そして、エレクトロニック・イメージング事業を牽引してきた。技術の核の帰結がどうあろうと、感材では技術的な劣位を血のにじむような思いで逆転したという自負は強かったのだろう。だから、精密複合化学に「想い」が向かなかったのかもしれない。

（残念なことに、昨年〈2019年〉彼は鬼籍に入った。葬儀の席で家族が「いつも仕事のことは家では話さない人でしたが、ある夜『遂にアメリカ〈コダック〉をやっつけた』とご機嫌で帰ってきたことが印象深い」と語っていたとのこと。ASA400カラーフィルムのことだろう。その成功で社内が勢いづいたことを神谷もよく記憶している。「写真に賭けた人生」だったのだろう）。

チャランケの議論でも、あるメンバーが「わが社が化学会社になるのなら、自分は辞める」と開き直ったことがあった。“技術の核”が化学会社へのシフトを示唆していることを、充分認識したうえでの発言だった。「自分はフイルム会社に入社したのであって、化学会社に入りたかったわけではない」というのだ。彼がその後、自分の中で気持ちの折り合いをどう付けたのか定かではないが、相当の葛藤があったに違いない。

富士フイルムには確かに写真好きが多い。そういう集団に対して、「精密複合化学会社を目指すべき」という主張は、たとえ技術の論理は正しくとも、組織心理のうえで充分な配慮や心配りが必要だろう（かくいう神谷も高校、大学と写真部で、写真好きだったから富士フイルムに入社した）。

過去からの論理の必然としての“技術の核”と、未来問題で想いが強く影響する“ドメイン”。その統合の困難さを痛感する。

◉── (5) 技術トップを圧倒する経営トップのパワー

1.「CTO（Chief Technology Officer）は社長のベターハーフ」が一番ハッピー

チャランケレポートⅠは、技術トップと社長の狭間に吸い込まれた。トップとのパワー差ゆえにその壁を越えられず、狭間に吸い込まれたのか、技術トップ自身が内容に不同意だったのかは定かでない。しかし、たとえ技術トップがチャランケレポートⅠに賛同していたとしても、この壁を越えられず、吸い込まれただろう。なぜなら、チャランケレポートが本質をぐさりと抉っており、社長に経営批判と受け止められるということを恐れたに違いないからである。それは、技術トップと社長が経営政策を巡って、オープンに議論できるような信頼関係がなかったことにつながる。

元東芝常務の森健一さんと元ソニー専務の鶴島克明さん(退職後、神谷と同じ東京理科大学イノベーション研究科で教鞭をとっていた)が、その著書(『MOTの達人』森・鶴島・伊丹共著、日本経済新聞出版社)の中で興味深いことを語っている。

「CTOというのは、CTO制をとっていると称する会社でもトップの3本柱の中に入っている例は少ないのではないかと思います。やはり、本当に技術を経営の中心に置くのなら、副社長クラスの肩書きを持って、会社の技術の方向を決断できるような権限を持たせることが真に重要だと思うのです。あらゆることが何らかの技術に支えられていますから。しかし、CTOにそこまでの権限を与えると、CTOというのが睥睨すべからざる力になるわけです。それこそ、社長並みのパワーになるはずです」「あまりにCTOが強くなりすぎると、自分の権力基盤が侵されてしまうと考えてしまう社長だと、CTOをそこまでの地位には絶対しないでしょうね。だから、社長のベターハーフとして、常に相談相手になってくれる人がCTOというのが一番ハッピーな形だと思います」。

「(しかし)社長になってからいきなり技術の責任者であるCTOを重視しようとしても、おそらくできないと思います。経営責任者には、技術責任者をベターハーフとして重用するということを、事業部長の段階や、事業本部長段階からずっと経験させることが必要だと思います。技術者から見たら、うまくベターハーフになるためにはどうしたらいいかを、ずっと経験するわけです」。

東芝が技師長制度をしつこくやっているのはそういう意味で、経営責任者が技術責任者を重用するためには、双方とも経験が必要だということなのだ。

残念ながら、当時の富士フイルムは事業部制ではなく、職能別組織が中心だったので、事業分野ごとの事業経営責任者や技術責任者は必要としなかった。長期にわたり技術の中心課題は、コダックというお手本を追いかけるための商品開発だけだったので、技術全体を俯瞰し方向づける機能は必要なかった。それ故に、経営責任者と技術責任者がベターハーフの関係をつくり上げる経験を踏まなかったのだ。

問題は、CTOと社長の個人的なパワー関係ではなく、もっと深い構造的な要因が潜んでいたことである。

2．経営トップに巣食う技術者不信〜技術系人間は経営をリードできない

経営トップはなぜ、技術系役員やCTOに全幅の信頼を寄せられないのか。「技術系に委ねると、事業や会社をミスリードする」という懸念が背後に存在しているようである。そもそも、技術系には経営を任せられないという不信の構図だ。

「CTOの立場に器が追い付いていかないことがある。自分の過去の成功体験で培ってきたやり方にこだわるあまり、多くの人から納得を得られない。権力が集中してくるにもかかわらず、多様な考え方を受け入れられず、自分の説に反対する人に強要を始める」など。「最後はその人間の器、人間力でしょうね」(森・鶴島)。

森と鶴島は、「器、人間力」と一言で表現しているが、それは何だろうか。

富士フイルムに関わらず、多くの企業のCTOや技術系役員と接してきた経験では、それは経営観と人間観だろう。

経営観：

技術者の育ち方は通常、専門分野の技術を究めつつ、後輩を指導しながら管理職に昇進していく。管理職になれば専門技術分野以外に多少広

がるが、基本はミクロマネジメントで自然科学分野の世界で育つ。ところが、部長職になるとスパンが大きくなり、事業的な視野、他分野との協働と、徐々にマクロマネジメントの世界になっていく。ミクロな自然科学からマクロな社会科学の世界に入るのだ。ところが、視座は相変わらず低く、視野も広がらないことが多い。「部長職なのに、経営視点が乏しく、“部下の育成”にしか関心が向いていない」「目の前のテーマ遂行ばかりで、事業的視点がない」という、企業トップの嘆きをよく聞かされることになる。経営をマクロに考えられないのだ。

そして経営陣に入っても、この傾向を変えるのは難しい。その器のままでは、経営をリードできないのは明らかだ。

<マクロマネジメントとミクロマネジメント>

「マネジメントには二つのルートがある。一つは直接、人のプロセスに働きかけ、プロセスのかじ取りを自ら行うマネジメント」(ミクロマネジメント)、もう一つは、より大きな立場に立ってさまざまな人間集団がいる組織全体の、人々が働く仕事の状況や環境を設計するマネジメント(マクロマネジメント)。ミクロマネジメントは人間集団を直接率いるマネジメント、マクロマネジメントは、戦略、経営システム、場、人事、経営理念などについての枠づくり」である。(『経営を見る眼』伊丹著　東洋経済新報社)

人間観：

「経営とは他人を通してことを成すこと。実際の仕事をしてくれる人々は、人間として、頭があり、心があり、感情がある。その人たちを動かしてこそ、現実に組織としての仕事が実行できる」(伊丹：『経営を見る眼』)。

技術系人間は自然科学の世界で育ち、人文・社会科学の人間社会の多様さについて、学習する機会が少ないことが仇となる。

「技術の世界」に特化することでしか、生き延びられなかった？

長く富士フイルムに身を置いた神谷の目から見て、経営観や人間観においては、「？」がつく技術系役員は確かに存在した。一方で、「この人なら社長に就いてもおかしくない」という技術系役員にも多く接してきた。しかし、神谷には、彼らの振る舞いは分をわきまえているものに映った。不幸なことだが、現実には技術に特化してきたからこそ、生き延びてきたのかもしれない。

第10章

なぜ「善戦」できたのか：志の高い目標、刺激的な場、多様・異能の個人の共振（図9）

前章で振り返ったように、チャランケのチャレンジは、「善戦に終わった」。しかしチャランケが残したものも少なくない。メンバー全員が「よく善戦した」と考え、「価値のある活動だった」と口を揃える。なぜ「善戦」できたのか。

＜善戦の構図＞：キーワードは「**共振**」

1987年秋、箱根に集合して始まり、チャランケレポートⅡを発表するまで、約4年半。数々の紆余曲折はあったが、継続的にエネルギーが生み出され、経営に一石を投じた。このエネルギーはどのように生成されたのだろうか。

（1）**志の高い「戦略目標」**～戦略の枠

（2）**辺境・何とかしなきゃ集団**～多様異能の「個」の力

（3）**『場』の魅力**～プロセス設計

この3つのエネルギーが互いに共振したことだと神谷は考えている（図9）。

どのエネルギーが欠けても、チャランケはドライブされなかった。そして、活動初期は、辺境・何とかしなきゃ集団～多様異能の「個」の力が最も重要だった。そして、第2幕では、『場』の魅力～プロセス設計が活動をドライブしたと思う。

◉──（1）志の高い「戦略目標」

戦略目標は「技術戦略をつくってトップに直言し、会社を変える」だった。「技術戦略」は創業以来考える必要もなく、誰も考えてこなかった。しかも、「技術戦略」とは何なのか、何を明確にすればいいのか、ゴールが見えない。難度が高く、われわれでつくることができるのかどうかもわからない。たとえ越えられなくとも、この困難な課題にチャレンジしようというエネルギーがあった。その源泉は、異次元で視座の高い全社

図9｜3つのエネルギーが互いに共振

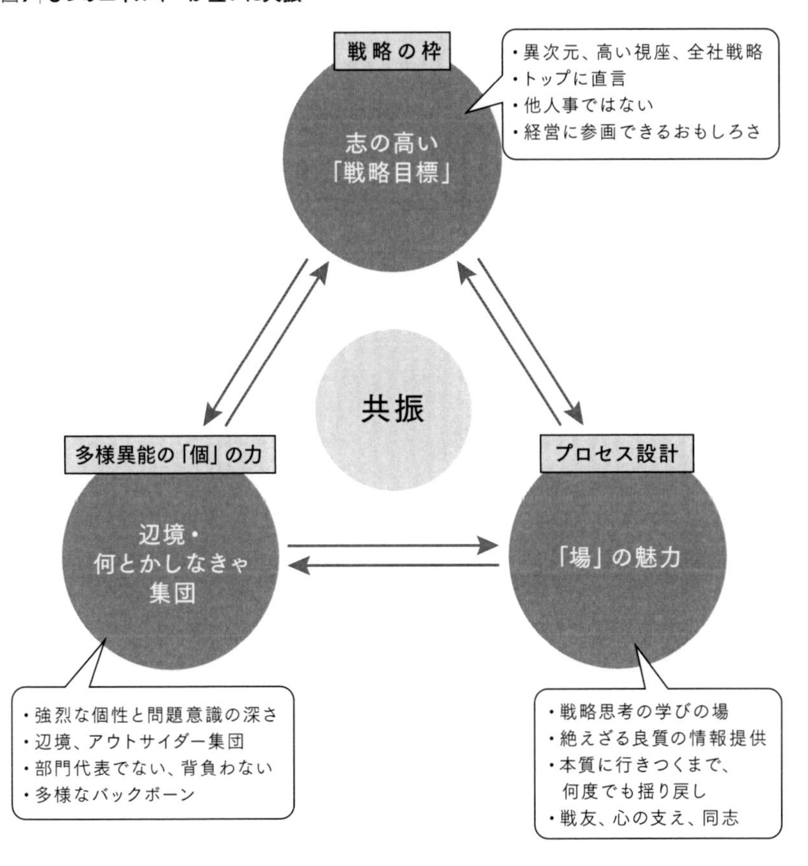

戦略を考えるのは、おもしろそうだという好奇心だった。勉強会や研修ではなく、経営に直言するということは、手触り感のある具体的なものをつくらねばならない。いずれは担うべき経営に参画できるおもしろさもあった。

そして何よりも、疲弊し混乱している研究開発の現場、技術者の不平不満、新規事業の停滞を解決する道筋がはっきりすることに、心が揺さぶられた。

それにしても、われわれには手が届かないこれほど抽象度の高い異次元の目標に、なぜ、これほどにコミットしたのだろうか。「わが社の戦略はなってない……」という愚痴や不満は、どこの会社でもよく聞くが、実際に取り組むことなく、居酒屋での酒の肴に終わる。おもしろそうとの好奇心や少しばかりの危機感では、行動に結びつかない。メンバーのエネルギーを結集できる「志の高い目標であった」と言うには、少し安易すぎる。最初は半信半疑でも、「本気で考えよう」と全員が動き始めたのは、何があったのか。

それは、『多様異能の個の力』と『場の魅力』だった。

(2) 辺境・何とかしなきゃ集団

1. 全員本流にはいなかった

第3章で述べたが、チャランケ発足当初、メンバー全員が「辺境」にいた。伊藤や小倉は本流の感材を嫌い医薬開発、機器生産技術を模索していた。大津は独自のプリンターシステム、品川は高分子分野での新商品開発が夢だった。世羅は本流の足研の合成研究室を出され、吉研でマイナーなビジネスである印刷システムの商品開発に携わっていた。宮原は、心血を注いでつくり上げた医療用デジタル画像診断システム研究開発部隊から追放され、自ら創始した光デバイス研究室に移っていた。入社以来工場で感光材料製造技術に携わってきた戸田は、社内での製造技術の位置づけの低さを憂いていた（神谷注：実際、製造技術は社内では低く見られていた）。梅村は「超微粒子プロジェクト」での研究開発に対する関心だけで、宮原と神谷は、このままでは退職するのではないかと、心配していた。

自ら選んだ道であれ、人事の結果であれ、本流に飽き足らない人間の集まりだった。アウトサイダーばかりを集めたわけではないが、偶然そうなったというのではない。自社の技術のありように問題意識の高い一人ひとりを指名していくとそうなったのだ（後日、銀塩感材開発のエースといわれる研究者と話す機会があったが、危機感が全くなく、愕然としたことがあった）。

2．強烈な個性と問題意識の深さ

伊丹が神谷に「富士フイルムではこれだけ個性の強いメンバーが生き残れるのですね。他社ならいくら優秀でも生き残ってないですよ」と呟いたことがある。驚いた。個性が強いだけではない。深く考え洞察し、本質をえぐる。その力は並みではない。誰に対してもはっきり主張するので、周囲から疎んじられる傾向は間違いなくあったが、一方で厚い信頼も受ける。

このような異能の人たちがゴロゴロいて、弾き出されず生き残れるのが、富士フイルムなのだと強く印象に残った言葉だ。多様な人材が棲息していて、懐深い厚みがある企業であった。

3．部門代表でない多様なバックボーン

メンバーの多様さ以外に、口を揃えて語るのは、それぞれが部門代表のスタンスではなく、常に部門を越えて全社視点で議論していたこと。しかし、部門を背負ってなくとも、それぞれのバックボーンや価値観は滲み出る。それが議論の視点を広げた。神谷は唯一の事務系で本社の人

事部所属だったので、意識して本社情報を流し続けた。新鮮に受け止めてもらえたようである。

このような研究会を社内メンバーだけで構成すると、視点が固定化し、議論が発展せず、ありきたりの結論になってしまうことが多い。What は明確でHowだけのプロジェクトチームならそれでいいのだが、チャランケの場合、外部者がいなければ途中で崩壊していただろう。伊丹は、しっかりとしたTheoretical Coreをベースに、質問を投げ掛け、整理してくれた。チャランケのコンセプトに「同志的結合」があったが、伊丹はすばらしいファシリテーターで、「同志」の一人であった。

◉──(3)『場』の魅力

『場』ができたことが奇跡と、品川や大津は語る。しかし、『場』は自然に出来上がったのではない。『同志的結合』のために、発足当初から『場』づくりを意識して仕掛けた。"隠し味"(注)が効いたのは全員の共通認識。たかが"隠し味"、されど"隠し味"であった。

(注1)「口角泡を飛ばす議論」「アルコールを入れた自由放談」「露天風呂」の3点セット。ミーティングは必ず箱根で1泊1日。夜は酒を酌み交わしながら自由放談、露天風呂にみんなで入る(全員が話好き、温泉好きだった)。

(注2)本社情報(経営会議、新規事業など)を仕入れてきて、毎回「漏らす」

(注3)全員参加でオホーツク流氷の旅、中国旅行(共通の体験を増やす)

それでは、チャランケは最終的にどのような『場』になっていたのか。

1. 戦略思考の学びの場

「経営とか研究開発に対して、一段と高いレベルの議論で知的好奇心が刺激された」(梅村)。「新規事業を戦略的に考える思考のバックグラウンドになった。苦しいときの心の支えになった」(伊藤)。「職場に帰ると火の車。チャランケには全社視点のロジックがあって議論が楽しみだった」(戸田)。

2．絶えざる良質の情報提供の場

「みんな今の本業をやるより、チャランケは富士フイルムの将来に役立つと思っていた。だから本業を放りっぱなしで出席していた」(品川)。「本社で何が起こっているのかの情報は新鮮だった。研究所にいると全くわからない」(宮原)。

3．本質に行き着くまで何度もゆり戻し

「ゆったりとした時間の使い方は、今ではありえない。一歩後退二歩前進の連続。それが長続きした理由であり、チャランケの魅力」(大津)。

4．戦友

「同じ方向を向いて、同じ釜の飯を食って、戦友になった」(世羅)。「それぞれが志を持って取り組んでいる。いつも高いレベルを目指している仲間がいる。心の支えだった」(小倉)。

第V部

チャランケ第３幕：職場でも戦い続けた

第11章 歴史に刻まれた戦いの足跡

チャランケメンバーは、後に退く道はなく、前に進むしかない方向に、自らを追い込み、追い込まれていた。チャランケ終息後(1992)も、自分の持ち場で戦っていた。ここでは6人の事例を紹介するが、社史に残る成功もあり、挫折もあった。第3幕があったのだ。

◉──(1) レーザー走査方式デジタルミニラボ開発〜銀塩フイルムを少しでも生き延びさせる

宮原はチャランケでの議論に力を得て、短波長のSHG(**Second Harmonic Generation**)レーザーを開発し、さらにはSHGレーザーを搭載した、従来のアナログミニラボに代わるデジタルミニラボDipp(Digital Photo Printer)構想(1993)の実現に邁進していた。これは写真フイルムカメラだけでなく、デジタルカメラの画像を取り込みデジタル画像処理を行って、より美しい画像をカラー印画紙に出力ことができる、写真店の店頭に置かれる現像処理機"ミニラボ"だ。当時爆発的なヒット商品となっていた"写ルンです" でいえば、小型軽量化、低価格化が図られたために、光学系はプラスティックレンズ1枚。そのためレンズ収差が発生するが、その画像をこのシステムで補正でき、美しい画像を得ることができる。

劣勢に立っていたミニラボ市場において、競合他社との差別化と、銀塩感材技術が成熟している中で感材開発部門の負荷低減を図ることが狙いであった。

このレーザー走査方式のラボ機器には超小型のR(赤)、G(緑)、B(青)のレーザー光源が必要であるが、GとBについては使用に堪えるものが世の中には存在していなかった。それでSHGレーザーを自社開発しようとしたのだ。

紆余曲折を経て、初代「フロンティア」が主として大型基幹ラボ向けに投入された(1996)。このレーザー走査露光という画期的な方法で、従来のアナログに比べて圧倒的な画質を実現した「フロンティア」は市場から驚きをもって迎えられた。

「銀塩感材が衰退していくことを想定すると、将来の事業ドメインを精密複合化学分野（Super Fine Chemistry）に移行させる過渡期として、銀塩フイルム市場を少しでも生き延びさせる戦略が最重要であった。そのためSHGレーザーをつくり、フロンティアを実現できたけれども、これは戦いのしんがりを務める最重要な戦略兵器となった」（宮原）。

この開発段階で宮原が悩まされたのは、銀塩感材開発出身の上司から「足柄研究所で既存の赤外線で書き込めるカラー印画紙を開発できる。確実に成功が保証されているわけでないSHGレーザー開発に、そんなにカネをかける必要があるのか」と真っ赤な顔で猛反対を食らったことだ。だが、それではカラー印画紙が多品種になり、ユーザーに受け入れられないし、コストアップにつながる。その上司は最後には黙ったという。宮原が狙っていたのは、カラー印画紙において、スケールメリットを出すことでもあった。

(2)「WVフイルム」商品化～開発失敗から次世代WHATを発見

品川が銀塩研究の中心、足研の高分子研究室長に就いたのは、チャランケが始まってしばらくした頃だった。以前から高分子技術を生かした商品を世に送り出したかった彼は、脇役の高分子を主役にしたい人間を集め、『革新は辺境にあり』を合言葉に活動を開始した。

リーダーとして1992年につくり上げたTN-TFT方式の液晶ディスプレーに使われる視野角拡大フイルムWVフイルム。最大1,100億円の売上を記録し、銀塩衰退後の富士フイルムを支えたが、1986年に液晶メーカーから、延伸PC(ポリカーボネート)をつくってほしいという依頼がきっかけだった。そこから視野角拡大フイルムの研究に着手。ゲーム機や携帯電話、パソコンなどに用いられていた液晶黎明期のSTN方式の改良品をつくったが(1991)、後発品でもあり受け入れられなかった。

液晶素人集団で、光学補償の背景にあるメカニズムを理解できていなかったことが原因である。

1990年当時はまだ、STN方式がメインであり、均一でムラのない色表現ができるTN-TFT方式は未開拓であった。メーカーを歩き回るなかで、他社の研究員から「これからはTN-TFTの時代。TVには視野角拡大が必須」と耳打ちされた。そして、1992年TN-TFTに賭けると研究室メンバーに宣言する。6か月の苦闘を経て、商品を完成させた。先発かつ技術優位性があり、圧倒的なシェアを占めた。途中、足研内の本流からの"本能的反発"、関連部門の複数の役員からも『応援しない』という強烈な反撃にあう。ただ、スポンサーとなる役員が存在したことが大きな支えであった。

銀塩市場が揺るぎのない時代の新市場探索。お手本があったわけではない。視野角拡大フイルムは液晶パネルメーカーに直接納入されるものではなく、偏光板メーカーが他の部材と組み合わせ加工してパネルメーカーに納入する。だが、的確なニーズを探るには、「顧客の先の顧客」である液晶パネルメーカーとのコンタクトが不可欠だった。偏光板メーカー経由では、液晶パネルメーカーのニーズ情報は歪みがちになる。そこで、液晶パネルメーカーと直接にコンタクトした。

そして、TFT分野で他社に先駆けて大きな果実を得ることができた。

当時の富士フイルムは潜在ニーズの探索は苦手な会社だった。かつて、マーケティング研究の第一人者石井淳蔵(当時神戸大学経営学部教授)から、「写真フイルムというのは不思議な商品ですね。メーカーから消費者へ巨大なワンウエイのパイプラインが敷かれていて、メーカーからフイルムを流し込めば、どんどん流れていく……。お客様のニーズには感度の低いシステムですよ」と言われたことがある。本流の開発陣には「WHATは与えられるもの。商品性能さえ良ければ売れる」という感材カルチャーが根強い。その中で、未知のLCD市場に飛び込み、商品化の社内ルールを壊し、チームはWVフイルムの開発を成し遂げた。

その経験を通じ研究室内でつくり上げたという、『電子ディスプレー材料(ED)分野・研究開発者に必要な資質』、４か条16項目にわたる。詳細は割愛するが、メンバーの苦闘の歩みが滲み出ている。そのポイントを紹介すると

1．**強さとプレゼン能力**：自分の意思を持って自己主張、粘り強くへこたれない
2．**柔軟性と勇気**：オープンマインドで現実直視、失敗を恐れずリスクテイク
3．**戦略家である**：チャレンジ精神、企業家精神、商売原則を持つ
4．**ED材料分野に必要な知見がある**：光学技術・材料技術・製造技術情報に詳しい、第一人者と言える得意な専門分野を有する

開発プロセスにおけるメンバーの渾身の仕事ぶりを、(多少なりとも)知った者にはそのどれもが胸を打つものであるが、特に、「強さ」「勇気」という「**意思的要素**」が最初に登場し、「戦略家」「必要な知見」などの「**戦略要素**」よりも優先されているところが特徴のように思える。WVフイルムという新事業開発において、「強さ」や「勇気」が何よりも必要だったことを物語っているのではないだろうか。

◉──(3)“写ルンです”の大量一貫生産ライン構築〜旧来のパラダイムとの戦い

小倉は1986年秋、従来生産技術部(生技)が関わってこなかった、少人数の機器生産技術グループを旗揚げしていた。手始めに基板実装の要素研究やコンパクトカメラの領域で組立、検査の自動化を模索していた。一方1986年の発売以来、“写ルンです”は予想を上回る爆発的なヒットを続け、従来の外注手組の生産体制に不安を抱いた営業から、生技に自動組立の検討依頼があった。チャランケ発足と同時期であった。

それを受けた小倉は、商品特性を考え、コンセプトを『中速、標準パ

ーツを活用した低コスト、短納期システム』とした。フイルムのような超大量の規格品ではなく、カメラのような少量単発商品でもない、中間領域のシステムを目標とした装置開発を目指す。カメラ部門は今までの手組方式に自信があり、お手並み拝見の姿勢だった。当初はトラブル続きで、カメラ担当役員に、「生技はダメ、特に小倉はダメ」と酷評を受けた。上司の役員からは、「もう止めて良い」とまで言われたが、生技として継続すべきと主張、結果的には短期間で改善できた。

その後、小倉を初めとした生技は、生産工程全体の革新を目指して、成形、フイルム加工、ストロボの自動組立、ストロボの発光体のキセノン管の内製化と、全体を視野に入れた取り組みを開始した。その結果、生産ラインの大部分を生技が担う体制が出来上がっていった。カメラ工場とフイルム工場に分かれていた工程を同一工場に集めるとともに、“一貫化による大幅な効率化”を目指したが、生技の“半製品のトレイ収納と自動搬送車”方式を受け入れないカメラ部門の役員が“コンベアによる直結搬送システム”を主張して譲らず、生技開発設備に対抗して外部の有名企業に発注した設備とともに同じフロアで衝立を隔てて、競争する事態に陥った。結果は生技方式の圧勝に終わった。コンベア方式では次期タイプへの対応が困難であるが、その役員のこだわりは感材生産での成功体験からきたものだという。

ストロボ内製化では、「“写ルンです”のような高い要求品質、数量規模であれば安い人件費に頼らず、自動化すべきだ」と考えたが、カメラの中国生産推進担当役員から「お前は何でも自動化するからダメだ」と言われたこともあった。

キセノン管内製化では、特にカメラの購買部門からの抵抗が強く、完成しても採用しないという通告を受けたという。

リサイクルについては、爆発的な“写ルンです”のヒットとほぼ同時に、「環境に悪い代表的な使い捨て商品」との評価が生まれてしまっていた。「それまで生産設備の導入で手一杯」だったが、手作業のリサイクルラインを見学した技術系の大先輩である春木元会長が発した『あれはフジの仕事ではない』との一言が、小倉の意識を大きく変えた。その言葉を「フジがやるなら世の中に誇れるようなもっと優れた技術をつくれ」ということと受け止めたのだ。「これをきっかけに、製品設計からリサイクル・リユースを考えた製品構造の提案、それを自動化する技術開発など無謀ともいえる目標を自ら設定し、取り組むことになりました。1992年秋、世界初のリサイクル自動化ラインを春木さんが見に来られ、激励の言葉をいただきました。富士フイルムは本来、真摯に技術に取り組んで成長してきた会社だと思いますが、当時、理想の追求や真摯な取り組みはたわごとであり、数字がすべて、という考え方が社内にはびこっていたように思います」。

この生産技術がなくして、"写ルンです"の大成功は語れない。

◉──(4) オランダから富士フイルムの組織風土を変える ～逆風に立ち向かう馬鹿力

1993年オランダ工場研究所に赴任した戸田。テーマ設定の考え方は「オランダから富士フイルムを変える」。課題を3つの条件で設定した。「今(2020)考えてもこの基準はよくできている」という。具体例とともに紹介しよう。

① **オランダ、欧州の強みが生きる**：カラーペーパーのカプラーの完全現地調達。年間50億円ものコストダウンにつながるが、小田原工場や関連企業は2割ぐらいの売上減になるので、本社からの大変な抵抗にあった。トップまで出てきて止めさせようとしたが、突破した。

② **本社(日本)でやっていないテーマ**：アマチュア用カラーネガを足研の力を借りずに、すべての品種をリアラタイプに設計変更した。日本国内はISO400のみだったので、足研や営業技術部から猛反対にあった。

③ **いつか会社の、社会のためになる**：戸田は「現業とあまりかけ離れていると周囲、特に経営層を巻き込めないので、ずいぶん深く考えた。相談相手は全員オランダ人だった」。たとえば、「バイオ進出を目指した再生医療」だという。現在富士フイルムが参入している再生医療分野はこの頃に原点があったのだ。

「語りだしたらキリがない。まだまだあります。信じられないほどの逆風、それも社内政治起因が多い。孤軍奮闘だったが、自分の思いの実現には馬鹿力が重要ですね」と語る。

◉──(5) 大きな挫折、医薬研究～激闘の果て、刀折れ、矢尽きる

成功した事例ばかりではない。伊藤は淡々とした口調で語るが、時折、無念さが滲み出る。

「1988～1989年頃、「(ノーベル賞を受賞した)利根川教授から一緒に会社をつくらないかという話があるが、どうか」という下問があった。第1回の経営会議では、役員は全員反対。それでも、1992年7月に新会社が設立され、自分は利根川教授らとともに取締役を務め、富士フイルムから2万個の化合物を送ってスクリーニングを行っていた。エイズ関連で効きそうな化合物が見つかり、当初は10年のシナリオだったが、3年目に臨床試験に入った。この頃から双方に不信感が芽生え始め、5年目を迎えたころにバブルが弾け、上司から「自分は判断を誤った、医薬はやめろ」と言われ続けていた。そして、第2回経営会議(1997.3)では、「新会社を畳め」と、トップから突然命じられ、「今やめるべきではない」と伊藤一人が反論、二人の激論となった。トップは「今日の会議は散会、1か月後にまた(経営会議を)開きなさい」と、怒って退席する事態となった。

第3回経営会議(1997.4)では、再び二人の激論となったが、新会社の

解散が決定された。そして「君(伊藤)が責任を持って売却しなさい。価格はいくらでもよい。しかし、会社を解散しなさいと言っているのであって、国内で進めている医薬まですべてやめろということではない」というトップ発言もあった。そして、新会社は解散。出向していた研究者が流出してしまった。しかし、「医薬すべてやめろというのではない」というトップ発言を盾に、推進派の役員の後押しもあり、病気別に製薬会社３社と共同開発契約を結び、研究は継続させていた。一方では「トップの真意は医薬は全部止めろ」ということだとする役員もおり、推進派の役員との間で激論が続いていた。

1998.3の第４回経営会議でのトップ発言「医薬をまだやっているのか」を受け、上司がものすごい剣幕で「君がこんなことを始めたので、優秀な研究者が会社を辞めてしまった。明日までに研究室を解散しろ」。そして、解散前に突然呼ばれ「グループ会社に行ってくれないか」と告げられたが、自分ははっきりした返事をしなかった。最後は技術トップが説得に来た。それで「行きます」と返事をした。その時点で、医薬研究は完全に根絶やしになった。

伊藤が富士フイルムを退職したあとの2007年、現在のトップの意向もあって、医薬事業が再検討された。医薬事業部長を務めていた戸田(チャランケメンバー)から「コンサルをやってくれないか」という依頼があり、(1年後に買収した)富山化学(現富士フイルム富山化学)に何度も調査に出かけたという。「財務的には問題はあったが、抗ウイルス薬の分野で興味深い研究をしていた」。それが新型コロナウイルスに効くとして、話題になっているアビガンだ。

「現在(2019年)の医薬事業の進め方はM＆Ａ中心。自分が医薬の基盤研究をやっていた過去が悪い例になっているのではないか。10年間投資したのに、何も成果を出さなかった。結果論からみればそう見えるだろう」。

伊藤の悔しさは如何ばかりだろう。

◉──(6) 新しい「デジタル光画像記録」による「産業用プリント基板製造工程」のデジタル化

チャランケ以降、大津は主として印刷関連機器開発部門に携わっていた。しかし、1990年代以降はワークステーションやパソコンの処理能力が飛躍的に高まり、富士フイルムのビジネス分野であった製版分野で唯一生き残る専用機材は、最終出力として刷版へのプリントであるCTP (Computer To Plate) だけということは明白だった。では、どのような技術を構築するのか。残念ながら最終的には、この分野で自信を持ちうる"キー技術"は見出せなかった。

しかし、この結論に至る技術の棚卸し、キー技術の抽出プロセスに、チャランケでの経験と方法論が存分に生きたことは言うまでもなく、時間をかけてこのプロセスを経たことで新たな技術を創出しようという研究者のモチベーションを高めることになったことも大きかった。

だが、「チャランケでは、機器システム関連技術の中で"技術の核"として取り上げられたのは、唯一"画像評価設計技術"だけ。入社以来一貫してハードウエアシステムの技術・商品開発に携わってきた自分として、それはあまりにも残念。何とか将来のシステム事業を支えるコア技術を構築したいという強い思いに駆られていた」。

そこで、「デジタル光画像記録技術」に狙いを定めた。2004年頃だった。それまで蓄積してきた技術に加え、銀塩感材に限定せず極めて低感度の材料にも高速デジタル記録ができること、記録材料の画面サイズに依存しない記録方式であること、との新しい目標を加え、光画像記録をさらに発展、拡張させようとした。

「当社はそれまでに、医療、印刷、一般写真分野でのデジタル画像記録の事業化に成功し、残るは産業用分野だけでした。そこで産業用分野の市場を探索した結果、『プリント基板製造工程のデジタル化』という潜在需要に行き着いたのです。生産機械として使える露光機が商品化できれば、事業として十分成立すると狙いを定めましたが、結果としては、端緒をつけることはできたものの、事業として成功には至りませんでした」(大津)。

新市場探索、新技術構築、商品化と果敢にチャレンジした。「新規事業創出」が成功せず、悔しかったことだろう。

第 VI 部

チャランケが残したもの

第12章
メンバーに残った財産

メンバーにとって、チャランケの活動はどのような意味があったのか。昨年(2019)のインタビューまで、この観点で個々人の意見を聴く機会はなかったが、全員が昨日のことのように生き生きと語ってくれた。

チャランケでは約3年半の間、“ドメイン”と“技術の核”を中心に考え続けてきた。課長層の日常業務には、一見必要なさそうなテーマである。長く深い議論を通じ、視座が上がり、全体を俯瞰できる視野を持った。それが課長としての現業にも好影響を与え、その後さらにブラッシュアップされた。将来の経営幹部候補者の人材プールという視点からも、チャランケは寄与していた。

◉──(1) 苦しいときの『心の支え』: 志の高い戦友がいる

「辺境・何とかしなきゃ集団」は死んでいなかった。チャランケの活動が終息した後も自らの戦場で苦闘していた。

品川は、「WVフイルムの開発当初、感材以外の商品を足研でやろうとしたことへの抵抗はすさまじかった。また、関連部門の役員から協力しないと言われ、反対者がメチャクチャいた」。小倉は、“写ルンです”の生産・リサイクル工程の全自動化・内製化に、複数の役員から「新システムはおかしい」と名指しで非難され、購買部門から完成しても採用しないとの通告まで受けた。伊藤は、医薬研究の継続について、直属上司からプレッシャーを受け続けた。

考えてみれば、会社の上層部からそれほどの圧力や反対を受けるのは、従来の価値観やパラダイムとは異なる、スケールの大きな課題を遂行しようとしたという証と言える。それでも、直属上司はむろんのこと関連部門の役員や同僚からのアゲンストの風は身に応えたに違いない。

その、逆風の中で折れそうになる苦しいときに、チャランケが『心の支え』になっていたという。個性の強い人間が揃っていたので、その言葉には少々驚いたが、考えてみれば当然かもしれない。いくら強い人間であっても、こちらはまだまだ若いミドル。役員や周囲が反対に回れば、消耗するし、志が挫けそうになっても不思議はない。
「それぞれがそれぞれの分野で、理想に向かって真摯に努力している『戦友』に勇気づけられました。それが、私がさまざまな障害にもめげずに、最後まで理想の生産システム、リサイクルを追求し続けることができた原動力となったのは間違いないことです」(小倉)。

◉──(2) 不平不満を言っても始まらない。要は俺たちがやるんだ

今考えても不思議だが、チャランケの議論では、特定の人間や経営陣への批判はしばしば出たが、不平不満、愚痴の類には聞こえなかった。悪口の連続では、己が空しくなって長続きしなかっただろう。「不平不満は、下から上を見た視線、他者依存のスタンスから生まれる」ことをこれほど感じた『場』はなかった。実際、毎回欠席者は皆無であった。
「チャランケの会合のあとはストレスが全部消えた、職場に帰ると頭がリフレッシュしているのがわかった」(世羅)、「経営トップが動かないなら、俺たちがやるしかない。そういうパッション、使命感こそ、チャランケ」(戸田)。小倉はさらに、「チャランケのメンバーは『軸』を持っているから、厳しい現実の中でも挫けない」と言う。そして続ける。「その『軸』とは、志を持ち続けること。そして、技術に真摯に取り組む、やり続ける、言い続ける、目先の利益で行動しない、カッコをつけないことではないか」。

◉──(3)「全体の絵」を描く、その絵の中に自分のテーマを位置づける

世羅は言う。「それまで、自分の担当分野でも『事業全体の絵』を描いたことはない。関心はそのパーツパーツばかりだった。他の日本企業もそう。お手本が常にあって、もがいてもがいて、気がつけば一番にいた。

『絵』を描いてここまで来たわけではない。しかしこれからは『絵』を描かないでやっていけるとは思えない」。

多くの日本企業の姿は、「経営戦略」と称していても個別事業の予算や数値目標の合算、パーツの合算が多い。これは「全体の絵」ではない。『戦略を描く』ことと『批判』の間には、大きな溝が横たわっている。残念ながら、戦略を描ける人間は日本企業にはほとんどいない。

チャランケは全社技術戦略という「大きな絵」を実際に描いた。この経験は大きく、かけがいのないものだ。そして描きつつ、その絵の中に自分のテーマや事業を位置づけて考えていた。

「自分の活動の全社における位置づけ、理屈づけ、正当性の確認ができた」(宮原)。

「上司は医薬研究を許してくれたが、足研内では、反対者ばかりだった。自分の思いだけでは通らない。社内を説得していくには、医薬を全社の方向にマッチングさせ、肉付けしていくことが重要で、そのバックグラウンドとして戦略的な考え方がものすごく勉強になった」(伊藤)。

◉──(4)明確に変わった『視野と思考パターン』

1．戦略思考

＜「コアコンピタンスは何か」と突き詰める＞

「その後の自分の担当事業においても、コアコンピタンスは何かと考え続けた。時間をかけ、揺り戻しをしながら、『腑に落ちる』『ストンと落ちる』『手触り感』が出るまで突き詰める。そうでないと『ウソもの』。突き詰めることに価値がある。それには『場』がうまく設定できることが重要。納得感が生まれるのに重要なのは、一人ひとりの価値観と文脈が理解できるまで、何度も何度も議論すること。通り一遍の議論で終わらないためには、それぐらいまでのお互いの人間関係が出来上がっていくことが必要だ」(大津)。

＜俺は何屋だ。何で勝てるのか、勝っていけるへそは何か＞

世羅は「専門性を意識しないで、まぜこぜの商品をつくっている技術者ではダメだ」と主張する。確かに「専門技術軸ははっきりしないけど、この商品には詳しい」という技術者が少なからず存在した。専門軸は「○○商品学」と称されていた。重宝な存在だが、ブレークスルーは起こせない。

企業も同様。部長経営戦略研修で講師団から「富士フイルムはどういう生き物なのか」と問われ、参加者全員、何も答えられなかった。その問いは「私は誰？ これから何処へ行くの？」と言い換えてもいいかもしれない。

この問いに簡単には答えられず、軽く答えてはいけない。世羅はずっと考え続けていたという。戦略のコアとなる問いだ。

＜合理的に考え、ストーリーをつくる＞

「それまで自分の直感を信じて感性で突っ走ってきたが、自分より深く考えている人が多いなぁと大いに刺激になった。いちいちこんなことまで議論して面倒くさいなぁと思うこともあったが、最後まであきらめず頑張って議論した。それまでの自分にないもので、得をした。自分はWantとWishは強かったが、Whyを言えるようになった。合理的に考えることはとても重要で、Wantの不備に気がつくし、他人をうまく巻き込むストーリーづくりが磨かれた。化粧品などのライフサイエンスの新しい事業に参入するとき、微に入り細に渡りストーリーを考えた。天敵世羅さんのおかげ。いや全員が天敵だったなぁ」(戸田)。

2．日常カルチャーからの脱却

「『日常カルチャーからの脱却』『活動から思考へ』がチャランケのメインテーマだったと思う。社内常識にとらわれていては何もできない、異次元の視点、上の視点で考える。世界観が広がった。広く異質の情報に触れた。社内常識にとらわれていては何もできない。つぶされない程度にルールを破ろう。それでないと何もできない」(品川)。

3．技術の普遍化、原理化〜技術の棚卸し、技術の核

「会社を辞めるまで、技術の棚卸し、技術の核を自分の思考の基本においていた。その後、産学協同プロジェクトなどに携わる中で、他社の技術部門の人間と議論する機会が多くあったが、そういうことを考えていない人間がいかに多いことか。オープンイノベーションが流行しているが、どのレベルまで他社に託し、自社はどこまでやるのかが重要。それには『技術の棚卸し』がベースになるはずだが、キー技術や支援技術の概念がない」(梅村)。

4．組織変革の戦いとは：旧パラダイムと新パラダイムのせめぎ合い

チャランケは、経営トップに10年後の富士フイルムのあるべき姿を提言した。しかし、「紳士的な無視」で第1ステージはその幕を閉じた。われわれが提起した本質は、「パラダイム転換」。新パラダイムを技術系トップに論理的に説得しようとしたが、失敗した。なぜだろう。打ち手はあったのか。答えはまだ見つかっていない。ただ、上から下まで現状のパラダイムにどっぷり浸かっている組織は、異なるパラダイムを考えようとさえしなくなることは骨身に沁みてよくわかった。考え続けるべき課題だ。

第13章
富士フイルムに何が残ったのか

チャランケ終息後、約28年経った。銀塩感材は国内市場では1997年、全世界的には2000年にピークを迎えたものの、デジタル化は予想以上のスピードで進み、当初想定していた「銀塩写真と電子スチルカメラは棲み分ける」という予測は外れた。ごく一部を除き銀塩写真は駆逐された。Chemical Imaging分野のドメインは成立しなくなり、富士フイルムはバイオテクノロジー、再生医療の技術を取り込みながら「ヘルスケア分野」の企業へと変身を図っている。チャランケレポートで掲げた「ドメイン」や「技術の核」は陳腐化し、そういう意味では、もはや今日的価値はない。

30年も昔の話であり、まして他社の技術者にとって、技術内容を知る意味はないだろうが、現在に通用する普遍的価値があるだろうか。チャランケは何を残したのだろうか。

◉──(1)『Legend』(伝説・神話)が残った

1. 懐の深い会社

チャランケは経営に、変革シナリオを突きつけ、周囲を巻き込み変革のムーブメントを起こそうとした。「受け止め方によっては」ではなく、「あからさまな経営批判」である。会社から正式な指示を受けたわけでもなく、ミドルの突出集団が勝手に仕掛けた反乱軍である。

それに対し、技術系役員の多くはそれぞれの責任と知見の範囲で精一杯の誠実さで反応してくれた。あからさまな経営批判に対し、大賛成と言うわけにはいかず、かといって、いい加減な反応ではミドルからの信頼を失う。厄介で面倒なことだったに違いない。事務系トップは「感激した。この世代の人間がここまで考えていることはすばらしい」と言い、技術トップは、「紳士的な無視」で対応した。「考え方は違うが、いずれ君たちの時代が来る。視座を高く、視野を広く持って欲しい」という陰ながらのエール、あるいは「たとえ考え方は違おうとも、若いミドルの志を挫けさせてはならない」という配慮だったかも知れない。

こうして、あからさまな経営批判を展開しているメンバーを許容する会社、組織風土であることが、フツーの社員にも広く知られることになった。宮原は若い現役の技術者と話すと、それを感じるという。

許容するだけではなく、評価を受けたこともある。チャランケレポートを発表した後、神谷は「目立たないようにやれ」とチャランケのスタートを受け入れてくれた上司の人事部長から呼ばれた。人材開発グループの担当課長は、人事部長と日常的にはコミュニケーションはないので身構えたが、「チャランケの実績があったので評定をワンランクアップするよ」と告げられ、驚愕した。役職者の評定は経営会議にかけられ、誰をどのような理由でアップダウンするのかは、全役員に開示されるのだから驚いたのは当然である。

2．俺たちがやるんだ

チャランケでは、経営の現況を徹底的に分析・洞察しようとはしたが、トップに対する不平や不満は、全くと言ってよいほどなかった。不平不満は当事者意識のない者がつい漏らすもの、チャランケは批判者ではなく、経営を当事者として考えるという共通認識があった。だが、経営をいつも当事者で考えるのは、口で言うほど簡単ではない。真剣に考えれば考えるほど苦しいことであった。自分が過去にやってきたことや現在の職務を否定せざるを得ないことも出てくる。「今を受け止める強さが必要」(品川)なのだ。ドメインの議論で、自社の将来が自分の望んでいる方向とずれ始め、「自分は化学会社に入社したのではない。写真会社に入社した。Super Fine Chemistryの会社になるなら、自分は辞める」と叫んだメンバーには、大きな葛藤があったはずだ。

「技術者が会社の将来を憂い、葛藤を乗り越えながら、真剣に考え語り合って、コアコンピタンスを提言した。そのコア部分は『志』『パッション』『使命感』。これは富士フイルムのレジェンド(伝説)になっている。

ホント間違いない」(戸田)。

◉──(2) 経営人材が育ち、「戦略思考力」の高い組織集団に

1．徹底したコダック後追い戦略が「How人間集団」を生み出していた

何度も繰り返すが、富士フイルムは創業以来、コダックの後姿を追いかけて成長してきた。

「行動の第一歩はコダックの製品、特許を調べることであったし、次はコダックが何をやってくるのか予測し、その領域を研究することであった。言葉を代えれば常に解のある研究に徹してきた。すでにコダックによって実現されたWhatが存在しているのだから、研究開発は解のあるもの、成功するもの、そしておまけに市場のあるものなのである。

効率最優先の研究風土の中では、組織の均一性〜個が歯車になって解のある研究の達成に猛進する〜が望まれたし、Whatを提唱したがるような異端の研究者は、排除されがちであった」(チャランケレポートⅠ)。

戸田は別の言葉で「後追いは因数分解の世界。コダックの製品を因数分解して感度を上げる人、カプラーを合成する人と振り分けられる。研究者は自分がカラーフイルムをつくっているのか、何をつくっているのか、わからなくなる。優秀な狙撃兵(How人間)ばかりを生み出した。たまたまコダックのまねをして、それで成長してきただけじゃないか。こんな調子で10年後までもつわけはないと思っていた」と語る。

そして、この世界で成果を挙げた人間が保守本流として、社内を支配していた。

「**銀塩中華思想**」である。

小倉は語る。「製造(塗布・ハンドリング)に動熱費に関わる革新的な

コンセプトを持ち込もうとしたが、理解してもらえなかった。保守本流は改善しか考えてない。だから自分は保守本流から外れたかった」。

梅村も「銀塩感材開発の中枢にいる人間が、『有機材料をやっている人間はメカ、エレキも理解し研究開発もできるが、メカ、エレキの人間は有機材料を理解できない』と語るのを聞いて驚いた。『理解すること』と『新しいものを生み出すこと』は全く違うということがわかっていない。自分らは何でもできるという『過信』を感じた」。

その中でチャランケには異端の人間ばかりが集まった。How(専門技術)は持ちつつも、新規事業を生み出したい、革新的なコンセプトの新技術を生み出したいとWhatを生み出すことに全員がこだわった。保守本流から見れば"はぐれ者"だった。Whatを提唱し、全体を俯瞰しようとするがゆえに、辺境に追いやられ、あるいは自ら辺境に赴いた。

2．経営人材の輩出～出番が回ってきたが、悪路

多少の被害者意識から「辺境に棲むアウトサイダー集団」と自称していたチャランケメンバー。チャランケで育ち、職場で悪戦苦闘しながらWhatを生み出す能力を着々と蓄えていった。気がつくと1990年代末期には、次々に研究所長や事業部長など技術部門の枢要なポジションに就き始めた。それぞれが担当分野で成果を挙げたことはあるが、時代の要請でもあった。市場や技術の飽和の中で、「後追い戦略」ではもはや立ち行かないことが明白な時代が訪れたのだ。銀塩感材市場はまだ衰えを見せてはいなかったが、将来どの方向に事業や技術を引っ張っていくのか。つまりWhatをつくり出すことが経営の大きな焦点になっていた。経営環境の変化により、チャランケメンバーに出番が回ってきたのだ。

ただ、道は悪路だった。研究所長を経て2001年から本社の技術情報部長や技術戦略部長に就いた世羅は「各研究所で先行している研究初期のフェーズで有望なテーマをＣＴＯに報告し、認知をもらう技術戦略会

議があった。役員、部門長が出席し、“市場性、競合関係、収益性”などの指摘が飛び交う場となっていた。技術の有望性をアピールしたい研究者には答えられない指摘だ。技術戦略会議を、“技術の筋の議論の場”と再定義し、『研究の初期段階でマーケットとかコストを求めるのはやめよう』と提起、出席者を制限した。だが、工場の役員や銀塩感材研究部長から、『閉鎖的』だとの集中砲火を浴びた。本社のポストで要求されたのは、われわれの定義では戦術。戦略を乗せる場はなかった。仲間もおらず、一事が万事で思うように活動できなかった」と無念そうだ。

2003年に記録メディア研究所長に就いた梅村は「商品開発現場の技術者に、長期視点での技術戦略の重要性を理解してもらおうとしたが、非常にむずかしかった。なぜ理解されないのか未だによく理解できないが、マーケットインの商品開発の論理はわかりやすいので、その考え方が身体に染み付いてしまうと、長期視点での技術構築を理解することは、予想以上に困難ということかもしれない」。

2004年にオランダから戻った戸田。ライフサイエンス研究所長、同事業部長として化粧品やサプリメント事業に参入し、医薬事業部長として富山化学を買収。さらには再生医療に足を踏み入れた。しかし、「日本に戻ってからも組織の持つ逆作用のエネルギーとの戦いで、心のエネルギーのほとんどを費やした」。

チャランケは技術の枢要なポジションを任せうる人材を輩出したが、技術現場の「パラダイム変革」にはなお、大きな壁があった。「経営人材が育つ」ことと「全社レベルでパラダイム変革が起こる」ことは別次元だということだろう。

3.「戦略思考力」の高い組織へ

神谷が2003年から主宰した戦略人材開発研究所では、十数年間、異業種企業が参加するさまざまな「技術経営研究会」を開催していた。富士フイルムも参加常連企業であった。そこでは何日もかけて、さまざまな技術経営のアイテムを議論するが、多くの場合、富士フイルムからの参加者はリーダーシップを発揮し、他社を圧倒していた。

「深く」「戦略的に思考する」能力、姿勢が抜きん出ているのだ。日常、よくトレーニングされている印象で、他の講師団も同意見だった。神谷が在籍している頃から、深く考える集団であったと思うが、「戦略的に思考する」ことは強いとは言えなかった。

しかし最近、ある若い技術者は「商品化を進めているとき、『それで（他社に）勝てるのか』『なぜ勝てるのか』そのフレーズを何度も問われます。しつこいぐらい何度も何度も聞かれます」と。他の参加者は「フイルムがなくなって、何をすればいいのかわからなくなったのですから、考えざるを得ないですよ」。

チャランケメンバーは活動終息後も考え続け、発信しつづけた。梅村は「技術の核、キー技術を思考の基本に置いていた」。大津は「技術戦略を考える、自分たちの技術の強みはどこにあるのかに興味を持ってしまった。画像処理技術の強みがどこにあるのか、画像処理技術とシステムの関係性や位置づけはどうあるべきなのか、すぐに結論が出た訳ではなかったが、職場はむろん関係部門ともさんざん議論した」と語る。品川は、「社内で10回以上講演した。WVフイルムを生み出すベースとなった戦略思考の重要性と、『WVフイルムを実現したいと考えたのもチャランケでの刺激があったからだ』と話す」と言う。「数年後に何人もの研究者から『あのときに聞いた講演が自分の中に残っている』と話しかけられた」と語っている。

あれほどのエネルギーでまとめ上げたチャランケレポート。そのプロセスで刻み込まれた「戦略思考」、それは各人に沈着した。そして日常業務の中で同僚、部下、関連部門に伝播していったはずだ。それは富士フイルムが戦略思考力の高い組織集団に変化したということだ。銀塩消滅という経営環境の変化や、さまざまな施策が影響しているだろうが、チャランケメンバーが「戦略思考」の先鞭を付けたのではないかと、秘かに誇りに思っている。

◉── (3) 写真事業全盛の時代に、技術ドリブンの『戦略代替案』の提示

写真事業全盛の時代に、チャランケレポートⅠは書かれた(1988年)。そこでは、全社戦略として、**エレクトロニック・イメージング(以下、EI)分野への深入りを避け、機能性材料技術を主軸にした精密複合化学分野(ライフサイエンスを重点)への進出強化**を提言した。その前提には、「**銀塩写真の衰退の想定**」とそれに代わる「**技術ドリブン戦略**」が視野にあった。

1.「市場ドリブン」ではなく「技術ドリブン」

当時、社内では「銀塩不滅論」は依然として大きな影響力をもっていた。当時は「民生用市場では、銀塩感材が侵食されることがあっても、一部」という程度の危機感が大勢であり、手は打たれているという認識であった。

1981年のソニーからのマビカ試作機(電子スチルカメラ)の発表を機に、EI時代の到来に備えて研究所を設け、固体イメージセンサー(CCD)に着手した。また、民生用市場でいち早くEIに駆逐された銀塩の8mmカメラシステムの市場防衛のため、8mmビデオ事業を展開した。そして、1988年には世界初のデジタルスチルカメラ(FUJIX DS-1P)を発表する。市場防衛という観点から打たれた。「**市場ドリブン戦略**」である。

ケミカルイメージングとEIでは、技術の系は全く異なるが、先行してEI化が進んだ医療・印刷システムの業務用分野では技術転換が成功していた。「その転換は民生分野でもうまくいくのではないか。市場を守りたい、守るべき」というバイアスとしか考えられないが、デジタルスチルカメラに相当の資源を投入した。市場の縮小が大きいが、今なお苦戦が続いている。それは正当な戦いでの結果論であろうか。

「(印刷・医療分野EIシステムは)入力デバイスとしてスキャナーを利用しており、そこで予め撮像デバイスで二次元化された画像情報を、シリアルな電気信号に変換している。しかし、民生用のシステムは物体の情報を撮像デバイスで一気に電気信号に変換している。業務分野のシステムは機能分化されており、高画質の画像情報を取り入れることが可能である。しかし民生用の系は、業務用の技術の系と比べ、当社の既存の技術領域から大きく飛び出し、むしろ電機業界の領域に、深く入り込んでいるのである」(チャランケレポートII)。

しかも民生分野での競合は電機会社。コンパクトで低コスト生産技術が民生市場のKey for Successである。明らかに不得意分野と言える領域で、「既存市場を守るために」戦うのか、戦えるのか。チャランケが突きつけた問題提起であった。

チャランケの基本スタンスは、「**富士フイルムの戦略は基本的に、技術ドリブンであるべき**」という主張だった。

2．銀塩感材が衰退する場合を想定した戦略代替案

さらに、チャランケレポートでは、「衰退する場合を想定して新たな事業の代替案」を提示している。「精密複合化学分野(Super Fine Chemistry)」だ。写真産業全盛の時期に考えている人間はいなかった。

チャランケがそこまで踏み込めたのは、宮原、世羅、大津が存在していたからである。宮原は医療用のデジタル診断システム(FCR)開発チームの主要メンバーだった。FCRの登場で、銀塩Xレイシステム市場は大きく変貌していた。世羅は印刷システム事業に携わっていたが、やはりデジタル化が進展し、銀塩リスフイルム市場は縮小しつつあった。大津は銀塩システムとEIシステムの原理的な側面を比較し、銀塩の将来に疑問を呈していた。伊丹の「産業の歴史的な流れでみると、このような構造変化は業務用／プロ分野から始まり、コンシューマー分野に波

及していく」という提起があり、銀塩写真の衰退を想定して、そのテンポと規模について、相当な時間を費やして議論した記憶が鮮明だ。

◉——(4) 13年後に訪れた銀塩壊滅とライフサイエンス事業への本格参入(図10)

カラーフイルムや印画紙の国内出荷量のピークは1996年。その13年後の2009年には銀塩感材は壊滅状態になった。予想以上のテンポと規模だった。節目は2003年。経営トップが代わり、第2の創業が掲げられ、新たな経営戦略『Vision75計画(2009年目標)』の策定が始まった。さらに2017年には『Vision2019年計画』と続いていく。大規模なM&Aを含み、ライフサイエンスに足を踏み入れていった。

そのときに、「チャランケの遺言である『ライフサイエンス事業』が新たな戦略目標として速やかに設定できた。これにより社内外に混乱を起こさずに、再出発できたこと。この二つのことはチャランケの最大の意義ではないか」(宮原)。経営陣が、チャランケレポートを参考に、ライフサイエンスに舵を切ったと主張するつもりは毛頭ない。ただ、チャランケの同志で唯一生き残っていた戸田がいなかったら、新たな戦略目標は道筋をつけられたであろうか。「戦うべき戦場はここだ」と提示され、「民」は心穏やかに次の目標に向かっていくことができた意義は大きい。

「自分の頭には、『Total Healthcare Company』があった。2004年、オランダから戻って、ライフサイエンス研究所長兼事業部長として、化粧品、サプリを始めた。将来は医薬事業、さらにTotal Healthcare Companyとして、「治療、予防と診断もやりたい」と思っていた。薬や化粧品は工場時代からコラーゲン、ゼラチンをやっていたので、昔から考えていた。古森社長(当時)もバイオに関心があり、方向が合ったということ」(戸田)。

因みに、当時社内にライフサイエンスについて、真剣に考えていた人間は戸田を除いては誰もいなかったのは、間違いないであろう。戸田は技術サイドから、ライフサイエンスの方向に経営戦略を牽引した。

図10｜写真用フイルムと印画紙の国内出荷量

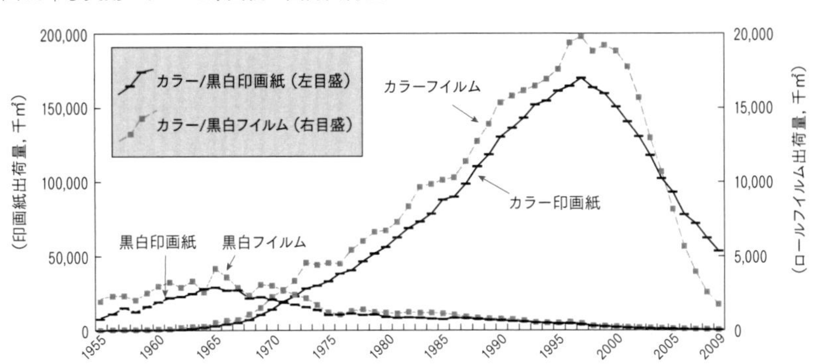

◉──(5) そして、戸田が「トロイの木馬」から飛び出した

銀塩感材を失った時期に、「たまたま」富士フイルムで最後まで生き残っていた戸田が、新しい戦略目標「ライフサイエンス」への舵を切った。「たまたま」というのは失礼だが、「同志的結合」の最終の姿として、メンバーの誰かが生き残り，CTO的存在として経営の舵取りをする。それが誰なのかはわからなかったが、そうであってほしかった。

デジタル技術の急激な進化で銀塩感材が消滅し、『市場志向のパラダイム』で凝り固まった企業がそのパラダイムではどうにもならない局面を迎えてしまった、そのときに、「お城の内部に取り込まれていたチャランケの分身が木馬から飛び出してきて、固く閉ざされていたお城の鍵を中から開けた。そして、戦況が変わった」（宮原）。

（神谷注：戸田に宮原からのトロイの木馬の話をしたら、「俺は図体がでかいから、木馬の中には入れないね」と大笑いになった）

現在、富士フイルムが歩んでいる「予防」「診断」「治療」の道（医薬、バイオ、再生医療など）は、まさに『技術志向のパラダイム』の世界だ。

ロック（鍵）が開けられ、不確実な世界に飛び込んだのだ。

そして、トロイの木馬から飛び出して鍵を開けたのは、「たまたま戸田であったが、生き残った者が誰であろうと、同じように機能性材料技術をテコにして、精密複合化学分野（ライフサイエンス／高機能材）に舵を切るべく振舞ったと信じて疑わない」（宮原）。果たして富士フイルムが現在歩んでいる道が正しいのか、大きな果実を収穫できるのか。それは歴史を経て検証されることであるが、この大変革期に激しい混乱や動揺なく、新しい道を切り拓いたことだけで、特筆に価すると考えている。

第 VII 部

戦うミドルのために

第14章

チャランケ流『技術戦略の思考法』

◉——(1)“古文書”としてのチャランケレポート

1990年だったか、神戸大学経営学部の金井壽弘教授(当時)にチャランケレポートを紹介する機会があった。賞賛の言葉の最後に「神谷さん、このチャランケレポートは将来“古文書”になるのでしょうかね」と漏らされた。チャランケが提起した“技術戦略”と“ドメイン”は今や陳腐化し、現在の富士フイルムにとっては、ほとんど価値はない。しかし、時代や企業の壁を越えて、今なお伝えるべき価値がある“古文書”になったように思う。「“古文書”ではなく、今なお生きている」と梅村は語るが、その本質は同じだろう。

戸田は言う。「経営トップから技術陣に対し、『技術者は視野が狭い、会社のためではなく、自分のために研究しているのではだめだ』。言われてみると、そのとおり。だからみんなにチャランケレポートを読め、俺たちはこういうプロセスで技術のへそ(核)を考えた。『バイブル』があると、よく言ったものだ」。積極的に読ませようとしていた。

現在、社内でR&D統括の技術系役員が仕掛けて「チャランケ2」というチームが活動しているという。最近出会った現役の技術者からも「チャランケは(社内で)有名ですよ。ぜひ読ませてください」。なかなか返却されないので、どうなったのかと思っていたら、職場内で回覧していたのだという。「当時の取り組みにグループの皆さんが感銘を受けたとの感想でした」とのメモが添付されていた。

社内だけではない。積極的に紹介しているわけではないが、このレポートのことを聞きつけた他社のミドルからも「ぜひ読ませて欲しい」と依頼を受けることが多い。宮原や品川も同じだという。今なお、読み継がれるチャランケレポート。やはり“古文書”としての価値があるようだ。

◉——(2) 技術戦略とは何か：技術戦略の基本骨格

1．技術の定義とそのレベル

他企業の技術者と議論する機会が多いが、よく空転する。その理由のひとつは、技術の定義やレベルを明確にしないためだ。チャランケでも当初はよく混乱した。

<**「技術」の定義**>

＊技術とは何かの定義が不明確な場合：Science、Technology、商品に紐づいた技術や知識の総称、技能、Know/How、作業標準など、さまざまに使われてしまう。各人各様の定義や思いがあるので、注意が必要だ。

＊言葉の実体があいまいな用語：基盤技術、基幹技術、コア技術などが厳密に定義されないまま使われると、議論が混乱するので、要注意。チャランケレポートでは後述の通り「技術の核」「キー技術」「支援技術」の3つに分類して議論した。

> 「技術とは、自然が内包しているきわめて豊かな論理の全体の中から、人間の認識の体系の中に体系的に切り取られ、他者による再現や利用が可能なように体系化された論理や知識の総体である」（伊丹敬之：『経営戦略の論理第4版』）

<**レベルの定義**>

＊技術立脚型の企業においても、保有技術のレベル評価がきちんとなされていない場合が散見される。研究テーマの選択やアウトソース、投資判断などの際に、レベル評価ができていないため、誤った判断

をしてしまうケースがある。信じられない話だが、ある企業では本来は強みのある技術をグループ会社に移管したため、"空白の10年"を生んだ。優先すべき研究投資という考え方が乏しく漫然と対前年比で予算を積み上げているケースなども散見される。

* チャランケでは、保有している重要な技術を3つの要素（優位性、発展性、汎用性）、3つの技術段階（技術の核、キー技術、支援技術）に分けて定義した。当初は"ごった煮"で議論していたが、この分類軸が定まると、議論の生産性が飛躍的に高まった。

2.「技術戦略」と「経営戦略」の関係〜わが社はどうありたいのか、あるべきなのか

伊丹は「技術蓄積と経営戦略の関係には、次の３つのレベルがある」という。

① 戦略が**技術を利用**する：経営戦略が現存の技術蓄積を利用する
② 戦略が**技術を蓄積**する：経営戦略が技術蓄積を加速する
　経営戦略が人々の仕事を決め、仕事が人々の学習内容を決め、学習の結果、技術蓄積が左右される
③ **技術が戦略をドライブ**する：深い技術蓄積が戦略を構想させる
　そのためには、トップによる技術の絞り込みと現場の努力・試行錯誤が重要

企業には、それぞれの歴史があり、進出している事業の特質があり、現在の保有能力が違うので、すべての企業が③であるべきと考える必要はない（神谷は戦略論とは別に、技術者には「③になるんだという心意気は持って欲しい」と常々思っている）。だが、わが社は経営と技術がどのような関係になっているのかは、明確に認識しておく必要がある。どのようにあるべきなのか、どうありたいと考えるのか。それはさまざ

まな示唆を与えてくれる。神谷が見聞する企業、メーカーやエンジニアリング企業であっても、流れのままに「蓄積②」を意識せず、「利用偏重型①」になってしまっていることが多い。それでは、コアコンピタンスを持たない“何でも屋”に陥り、競争優位を築けない。

チャランケの例で言えば、技術を商品開発に利用するだけではなく、少なくとも「**(経営)戦略が技術蓄積を加速する**」状況に、さらには「**技術が戦略をドライブする**」関係に変えたかった。それでこそ、“技術の富士フイルム”であり、それだけの実力も備えていると信じていた。

◉──(3) 技術戦略の策定ステップ

1．Step1：現有技術の棚卸し、キー技術の明確化

まずは現在の保有技術を明確にし、それらを技術の体系図としてまとめる(技術の棚卸し)。そのうえで、事業発展の拠り所である『優位性』、技術としての将来『発展性』を持つ技術をキー技術として抽出する。そのための問いは次の２つである。

問い１：自社が組織的に保有する技術にはどのようなものがありますか。可能な範囲でリストアップし、技術の体系図にまとめて下さい。

＊「製品」と「技術」は分離して考える。ある商品をつくり上げている技術群を総称して、たとえば、「写真フイルム技術」のように、○○技術と呼ぶことがあるが、その製品をつくるために使われている機能や技術に分解して考える。製品と機能の分解図、製品と技術の関係図など、マトリックスをつくってみるとよい。多くの場合、技術は事業や商品開発の発展の中で蓄積されていく。その場合、技術はその商品や事業に紐づいた形で認識される危険がある。そうなってしまうと他分野への応用，シナジー創出、重要技術の戦略的発展は、

おぼつかない。

＊商品化技術であれ、直接商品に紐づかない要素技術や基礎技術と呼ばれるものであれ、複合された技術の総体(塊)として、認識されているのが通常である。その場合、その技術の塊の中で、何が最も重要な技術(要素)なのかが見えなくなる。したがって、普遍化、原理化、体系化、純化した形で認識することが重要だ。

＊当該技術をどのように表現するか、言葉で表すのかは極めて大切。“表現を考える”ということは、その“技術の本質”を明らかにする作業である。一般的にはScienceに近いレベルまで掘り下げることができれば、その発展性や汎用性につながる可能性が高くなる。そのうえで、当該技術にどのような看板をかける(ネーミング)のかも重要だ。社内にどのような技術があり、特にどこに強みがあるのか、それを的確な技術用語で表現できれば、シナジー喚起のトリガーになり、技術の発展方向のベクトル合わせにもなるだろう。

＊体系図をつくると、技術間の相互の位置関係が可視化できるので、「保有技術」を捉えるレベルや、コアは何かの議論を誘発できる。

問い2．作成した技術のリストをベースとして、自社が中長期的に中心にすべき「キー技術」は、何だと考えますか。

　この「キー技術」を考えるうえでは、(1)競合企業をはじめとする他社に比べて優位性があるか、(2)将来の発展可能性がある「筋のよい技術」であるかを念頭に置いて考えて下さい。

＜キー技術と技術の核(後述)は絞り込む＞

この問いを投げかけられ、「わが社にはいろいろな技術があるので……」と多くの技術を羅列してしまう企業が多い。“羅列”は、キー技術が明確でないことを意味している。困惑しながら「キー技術がよくわかりません」と答える企業もある。

その場合、なぜキー技術が明確でないのか、自問してみる必要がある。

技術評価ができていない、あるいは拡散してしまっているのではないか。
チャランケでは最初は「技術の核」と言わず、「技術のへそ」と言っていた。「技術のへそは、いくつぐらいが適正なのか」と伊丹に問うたところ、「“へそ”だから一つでしょ」と一蹴された。結局、現有の技術の核は二つに収まったのだが、厳しい吟味がないまま羅列すると意味がなくなる。

2. Step2：現有の技術の核の明確化、重点化～相対的基準で議論

「技術の核」は、全社戦略(ドメイン、コアコンピタンス、シナジーの3要素)を考えるうえでの中核概念である。技術が拡散し、コア(技術の核)が不明確な企業はドメインや事業が拡散し、シナジーも生まれない。結果として、競争力が乏しくなる。このような企業を何社も見てきた。
逆に、「コアテクノロジーは何か？」と問うと、ほとんどの技術者から金太郎飴のような答えが返ってくる企業は、技術が拡散せず事業分野間でシナジーが創出され、競争力があるように思われる。
さらにキー技術の中から、自社の将来を託すに足りる技術、すなわち経営の中心におくべき技術を“技術の核”と決める。①優位性　②汎用性　③発展性　の3要素を持つものと定義する。技術の核は、企業の発展方向を明らかにし、不確実である“技術”の拡散と混乱に「錨」を下ろす機能を果たす(表4)。

表4｜技術の段階

技術の段階	「優位性」 他社に対し	「発展性」 将来に向かう	「汎用性」 他分野への
技術の核	◎	◎	◎
キー技術	◎	○～◎	○
支援技術	○	○	○

◎：MUST　○：WANT

　このプロセスは意外に難しい。自社の保有技術を客観的に直視することのむずかしさだ。技術者から「技術の核の３要素はどのように判断するのですか」という質問を受けることが多い。それについて、宮原は「チャランケでは3要素の評価基準を、『絶対的基準』ではなく、『相対的基準』で議論したことが良かった」と語る。「ある技術が革新的で将来発展するはずと考えたとしても、それを絶対的基準で証明することは大きな困難を伴う。識者のウンチクを引用することになり、他のメンバーは誰も理解できなくなってしまう。優位性の議論も、絶対的基準で語ることはむずかしく、他社との比較で考えたので、混乱せずに済んだ」。
『相対的基準』で評価すると、全員が納得することが前提となり、誰かに任せず徹底的に考える必要が生じる。現実に、社内で「これが当社の技術の核」だと説明する場合、絶対的基準で証明してもほとんどの人は理解できない。多くの人間が「なるほどそうだ」と得心することの方が重要だ。

① **優位性**：優位性の評価はそもそもバイアスがかかりやすい。自分や自部門の技術が大した優位性を有していないと認めることはむずかしく、プライドに関わるからだ。「製品つくりに必要な技術を有している＝優位性がある」と無意識的に読み替えてしまうケースも多い。担当者や担当部門以外はその技術を知らないがために、担当者の言いなりになりがちである。チャランケでは、優位性があると主張する者に、「なぜ強いのかの論拠」を語ってもらい、歯に衣きせずに徹底的に議論した。批判すると、相手に悪いという配慮が働きやすいので、所属部門の代表ではなく自由にディスカッションできる“場”が重要だ。また、当人は、批判されても、現実を受け止める“強さ”が必要だ。社内外の識者を招いて議論の場を設定したこともある。

② **発展性、汎用性**：優位性は現実のデータ（たとえば、社内ライブラ

リには○○万を超える有機化合物がある、あるいは商品そのものの優位性の根源を吟味する）である程度議論できるが、発展性や汎用性は未来問題であるがゆえに、むずかしい。「本気で調べないとダメ。自分は、仮説があってそれを証明するような結論を導いてしまったのではないかと思う。発展性より、汎用性がむずかしい」（大学教授などに銀塩技術をヒアリングした梅村）。

３．Step３：ドメイン設定～将来、長期的視点の中で、自社が進むべき領域設定

① 技術の核（技術立脚型でない企業ではコアコンピタンスと読み替えてもよい）とのつながりの中で、ドメイン設定は技術の核と表裏をなす。
②広い産業マップ中での位置づけを考えつつ、自社が携わる事業分野や技術の長期トレンド、競合他社との競争関係を描きながら、結論を導き出す。

＜ドメイン設定の考え方と意義＞（チャランケレポートより）

①ドメインは技術の核を中心に設定されるべきものである。

なぜなら、競争力と発展性のバランスがよくとれたものが、好ましいドメインとなるからである。すなわち、核の周辺のみをドメインとすれば、競争力は強いが発展性に欠ける。逆に広く設定すれば競争に耐え得ないドメインとなるからである。

②ドメインは組織の構成員に共感を呼び、その方向にエネルギーを結集できるものでなければならない。

広い分野にわたる、多くの社員の活動の方向を示すものだからである。納得あるいは理解しがたいドメインは構成員のエネルギーを高めないし、拡散を招くからである。

<落とし穴に気をつける>

① チャランケでは「ドメイン設定は技術の核と表裏をなす」として、ロジックを組み立てたが、「技術の核」に納得した者でも、表裏のはずの「ドメイン」に心情的に抵抗を感じた者は多い。

　これは、技術の核は「過去から導き出された論理の世界」であるのに対し、ドメインは「未来問題で“想いの世界”も入ってくる」からであろう。

　技術の核がたとえそうなるとしても、自分は「化学会社はいやだ。Imaging会社でありたい」とこだわる。だが、困ったことにその想いは、表明されない。未来問題なので不確実、想いの世界は論理的でないことが多いからだ。

　その結果、構成員の「共感」は生まれない。「“Super Fine Chemistry”とせず、“Super Fine Materials”としておけばよかったのかなぁ」と戸田がつぶやいたのが印象的だ。写真好きが多く、化学会社にはなりたくない人間が、富士フイルムには少なからず存在していた。

② 経営の教科書には「傘型のドメイン設定にならぬよう」と、必ず書かれている。しかし現実は、ドメインが明確でなく、現在の事業すべてを包含する、極めて抽象的な、あるいはスローガン程度の企業が多い。要はドメイン設定が甘いのだ。当然ながらそういう企業は、シナジーや競争優位の概念が弱い経営に陥りがちだ。事業が分散してしまい、シナジーが生み出せないだけでなく、生み出すべきという価値観も乏しくなっている。「技術の核を中心にドメイン設定すべき」という主張は、「全社シナジーをいかに生み出すのか」という問いへの答えでもある。

４．Step４：戦略としての技術の核〜技術開発ターゲットの戦略的選択

新しいドメインにおいて戦うために必要となる“技術の核”は何か、また、それをどの方向に発展させるべきか。まさに技術戦略ストーリーの“背骨”である。ここを語ることができなければ、ストーリーは価値を失ってしまう。過去問を解いているのではない。正解が未知の未来問題を考えるのだ。卓越した専門力、洞察力が必要とされるStepである。付け焼刃でヒアリングや調査して語れるものでもない。

「高度な専門能力が必要」とよく言われるが、課題解決力に加え、技術の本質や技術の流れを洞察できる突出したスペシャリストが自社に存在するかどうか。その存在があれば、高質な技術戦略が生まれる。

全員が持ち合わせている知見を寄せ集めて、結論を導き出すという進め方では凡庸な結論に流れる懸念がある。２〜３人のメンバーがそれまで追究してきた専門分野について、その類まれな洞察力を発揮する形が良いのではないだろうか。

一方で、門外漢にはなかなか語れないし理解できないとしても、ベーシックな技術知識は有する他のメンバーが、納得するまで議論するプロセスは重要だ。ただし、それまでに考える土俵や土壌を積み上げてきていないと、議論は絡まないだろう。

５．Step5：事業分野の組み替えと個別事業分野の戦略設定

新しいドメインが、自社の10年後の戦略ターゲットになるのだが、そのドメインをどうセグメントするかは、基本戦略に関わる重要事項である。セグメントは、商品開発、技術開発といった事業展開の思想の反映であり、戦略の具体化でもある。

◉── (4) チャランケ流『技術戦略の思考法』: 技術戦略の骨格をつくるうえでの思考原理

1. ウチは何屋?/俺たちの強みは何か? を純化して自問する

「ウチは何屋」という問いは、「技術の核とドメイン」をさらに純化させた問いであり、まさに自社のアイデンティティだ。「フイルム屋?」「映像屋?」。製品軸で語るのか、事業軸なのか、技術軸なのか。そしてなぜそのことを考えないといけないのか。

自分たちのアイデンティティ、「自分は何屋?」を深く自問しないと、たとえ「技術の核=コアコンピタンス」や「ドメイン」を設定したとしても、お題目に終わり、認識が甘くなり、資源配分、M&A、新規事業展開、事業多角化……と、さまざまに戦略がぶれ、事業や技術が拡散していく。

ある企業の「新規事業アイデア出しプロジェクト」に参加したことがある。仰天したのは、「アイデアがユニークで斬新」と、本業や蓄積技術とは何の関係のない「生花お届けサービス」が社長表彰を受賞した。その企業はコアコンピタンスやドメインの概念が乏しく、事業や技術が拡散していた。

「自分の専門性を意識しないで、まぜこぜの商品をつくっているだけの人間が多い。それでは、単なるサラリーマン。まぜこぜ商品は不滅ではないだろう。企業も同じ。銀塩のように市場や付加価値の大きい商品は、もはや存在しない。『自分は何屋だ。なぜ勝てるのか、勝ち続けるへそは何か』を考えないとダメだ」(世羅)。

2.「絵」を描くための“3つの眼”

「絵」とは「戦略の全体俯瞰図」。当初から意識していたわけではないが、期せずしてチャランケレポートは「3つの眼」でもって「絵」を描いている。

その3つの眼とは、「技術の流れを読む眼」「天空を舞う鷹の眼」「狙撃手の眼」である。

多くのミドルは現業のテーマをこなすのに精一杯になるが、技術の流れを読み、産業や技術全体を広く俯瞰し、技術の本質を洞察する眼を持たないと、優れた「絵」は描けない。

“3つの眼”がよく現れている具体例をチャランケレポートから紹介する。

① 技術の流れを読む眼

機能性材料技術：

「精密複合化学、とりわけライフサイエンス分野を目指して、技術の核である“機能性材料技術”をいかに発展させていくべきか。バイオ技術を取り込み、化学とバイオのハイブリッド化を目指し、バイオミメティクス（生体模倣工学）を技術の発展方向とすべきである。

現在、生命現象の分子レベルでの解明が急速に進んでおり、生体の構造と機能の関係が有機化学を重要な手段として明らかにされようとしている。中でも生体膜機能の解明が次世代バイオ研究課題として、注目を集めている。（中略）このように、生体機能の解明が有機化学を武器になされるようになってきたことは、有機化学すなわち分子レベルの理解に強い当社にとっては、将来の大きな可能性が拓かれてきたと言える」「当社の機能性材料技術の特徴である“分子反応制御材料技術”と“遠隔点反応制御技術等”は、生体系の反応と類似している。……（以下略）」。

富士フイルムの機能性材料技術は、銀塩感材をターゲットとして蓄積されており、バイオテクノロジーはほとんど有していなかった。どうしても医薬をやりたかった伊藤は、研究所長の猛反対の中「感材をバイオテクノロジーでつくる」という建前で、ようやく研究に着手できた。日陰の存在であったが、伊藤の想いが『化学とバイオのハイブリッド』である。

光デバイス：発光素子と、光プロセス素子の強化が不可欠。

「市場から要求される高品位・多機能なカラー画像を実現するには、カラー画像を“光”で『読み取ること』、そしてデジタル画像としてカラー感材に“光”で『書き込むこと』が不可欠の条件となる。必要な光源は赤・緑・青（RGB）の強力な“光”、レーザー光源である。しかし、現実にはそのような実用的なRGBのレーザー光源は世の中になく、当社の実現したいエレクトロニック・イメージングの世界と、現実の光源技術との間には大きなギャップがある。さらに、発光素子に加えて、光を走査したり、変調したりする光学部品やセンサーなどの“光プロセス素子”技術も他社を差別化する不可欠な条件となっている」。

②天空を舞う鷹の眼：鋭い目で大空から下界を俯瞰する

＜産業の中でのドメインマップ＞（図6　当社ドメインの位置づけ）

宮原は、競合すると思われる精密機器メーカー、電機メーカー、医薬品メーカー、素材メーカーの全産業マップの中で、自社の位置づけを明らかにしようとした。ドメインマップは当該産業をどのような軸で切るのかがすべて。悩んだ挙句に「技術の性格」「商品の性格」という２軸を選んだ。この２軸に行き着くまでに天空を相当舞ったのに違いない。鷹の眼で捉えた、新しいドメインの位置づけには目を奪われる。

加えてこのドメインマップには、“NIESライン”なるものが描かれている。それは新興工業国と日本が競合する技術境界線を示している。「産業革命の歴史の過程においても、ヨーロッパ→アメリカ→日本→NIESと主役が交代してきたことから、着想した。過去の歴史においてもそうであったように、右側（化学屋的）になるほど、先進国が圧倒的に強い。そこから考えても当社は技術の性格軸では『Know/How』方向に、商品の性格軸では『複雑・総合的』方向に技術ドメインを設定すべきだと考えた。この図を見たある経済学者から賞賛をもらい、間違っていないと知り、とてもうれしかった」(宮原)。

鷹の眼だけではなく、自然科学史の大きな流れの中から作成されたマップである。

<「EI事業(エレクトロニック・イメージング)に取り組むという意味」>(図8)

この図は「業界構造」に焦点を当てたものだ。富士フイルムの場合、8mmビデオを皮切りに民生用製品の電機業界へ引きずり込まれる可能性があった。経営陣が、その時点で本格的な参入意図がなくとも、いつの間にか引きずり込まれてしまう懸念だ。「単一商品だけではチャネル支配力に欠けるので、ラインアップを拡充すべき」という圧力が生まれたとしても不思議ではない。電機業界の流通販売チャネルや競争構造は、富士フイルムがそれまでに戦ってきたものと全く異なる。だから、「電機業界はどのような構造をもった業界なのか」を知っておくことは極めて重要だ。どこまで深入りするべきかを考える指針となる。

チャランケレポートⅡでは、従業員数500人以上の機械/電機系企業の従業員数と売上高／営業利益の相関を調べ、電機メーカーを競争相手に選ぶ意味を検証した。両対数グラフに描いた従業員数と売上高の相関係数は特に0.97とかなり高い値を示した。それは、仮に10年後に4,000億円の事業規模を想定した場合、従業員数8,000人規模の会社を新たにつくる話にならないといけないことを示唆している。これは現実的なのか、その覚悟はあるのかと、警鐘を鳴らしたのだ。

③ 的を鋭く射抜く“狙撃手”の眼：技術・課題を“分離・分解”し、“統合化”する。そしてその“本質”を洞察する

戸田はよく言う。「世の中には凡庸な狙撃手が多すぎる。自分が担当している研究テーマを狙撃するだけで、事業や製品を全く見ない。その点、チャランケメンバーは狙撃手としても有能。専門技術はありながら、

完璧に事業や製品を見て、みんな俯瞰力、鷹の眼も持っていた」。

では、有能な狙撃手とは何か。自ら優れた武器を持ち、標的（研究テーマのへそ）を狙い済まして射抜く。優れた武器とは、頭の中で分離・分解、統合されている専門技術と課題解決力。それでこそ標的（課題／テーマ）の本質を見定め、筋のよい仮説を立て、仮説検証のための的確な弾（課題解決のための技術アクション）が撃てる。

チャランケメンバーの思考プロセスを辿るとまず、技術を分離・分解した後、それらを統合してその本質を洞察しているようにみえる。他社で、「○○技術とは何ですか」と質問すると、途端に議論が混乱することが多い。「分離・分解・体系化」ができておらず、その技術の本質を説明できない。「この技術は特殊なので説明できない」とか「官能的なもので技術化できない」などがよく発せられるフレーズだ。本人は言い訳しているのではなく、本当にそう思っているから問題だ。

「技術資源の棚卸し」「技術の核の見極め」は、その技術の本質を「洞察する」作業である。わかっているようでわかっておらず、偏見や歪みが生じやすいので、まず「文字で表現し“見える化”する」。想像以上に困難な作業であることがわかるだろう。チャランケレポートの、エレクトロニック・イメージングシステム（EI）の例を再掲する。最初にシステム全体を要素に分解し、そのうえで本質を語り、結論へと導いている。

「イメージングシステムとは、被写体を撮影するセンシング、その情報を記憶し、処理するメモリーとプロセシング及び画像を目的に応じて再生するリプロダクション・ディスプレーの3つからなっている。銀塩写真はこれを空間的に処理することに特徴があり、圧倒的に高画質、コンパクトかつ安価である。一方EIは情報信号のデジタル化とも相まって、画像処理、電送、電子的／磁気的メモリーへの記録など多くの付加機能を持っている。われわれの見方では、“EIの存在意義と発展性は、その多様性にある”と思う。従ってEIシステムは本質的にコンピューター技術、ソフトウエア技術、通信／伝送技術と密接に関係しており、これら

の技術と融合なしには考えられない。このようなEI事業の持つ特質から考えて、覚悟を決めた投資をすることなしには発展は考えられないのである」。

3．3つの眼は「辺境に棲息する、異能の個人から生まれた」

富士フイルムは、有能な"狙撃手"は育てようとしてきたが、3つの眼を持った人間を特に育てようとしたわけではない。チャランケメンバーは個々人でそう育った。

ではなぜ、3つの眼を持った人間に育ったのか。突然変異的にその遺伝子を持った人間が現れた感はあるが、彼らの行動、発言をよく見れば、その遺伝子が破壊されずに生き延びてこられたのには、2つの要因が働いていると思える。

①「卓越したスペシャリスト」「異能の集まり」～井の中の蛙、大海を知る

チャランケは優秀なミドルを集めて編成した。現場をよく知り、課題解決力／専門力があった。多くの技術者はそこに甘んじてしまいがちである。「富士フイルムという会社は、黙々とやる集団。ほらを吹く人間は相手にされない」(小倉)。紳士的で真面目、着実に成果を出す人間が評価される会社だ。

しかし、チャランケメンバーは、黙々とはやらない。ほらを吹く、大きなことを考える、上司の意向と対決しようとも自分の夢を追う、理屈が立ち誰にでもはっきりモノをいう。タイプこそ違うが個性的で、目の前の仕事を黙々とやる人間はいない。そこが凡庸なミドルとは違う。だから、上司は扱いに困るだろうし、多少バランスを欠き、疎んじられることもある。「卒なくこなす」人間はいない。ロジカルに深く、ディテールを把握するところまで考える。そして、臆せず周囲に議論を吹っ掛ける。

凡庸・優秀なミドルが多い中で、なぜこれほど広い視野、高い視座、世界観を持っているのか。

自分のアイデンティが明確で、その分野について一家言ある。自分の専門分野／技術を錐のように下ろすことで、大海を知ったのに違いない。“卓越したスペシャリスト”だ。「井の中の蛙、大海を知る」である。

この言葉は神谷の恩師、新野幸次郎先生（元神戸大学学長）から教えられた。「井の中の蛙でも、毎日毎日天を見上げていると、太陽、月、星、宇宙の動き、季節の移ろいがわかる。視野の広さも重要だが、自分の分野を深く掘り下げなさい」と。

②異端／異能が棲息できる「組織の厚み」

メンバーは、専門能力が高く、課題解決力を持っているのに、本流から自ら外れた、外された、後に戻る道はなく、荒野を前に進むしかなかった。

なぜ外れたのか、外されたのか。

「みんな狙撃兵（目の前の課題解決）としても優秀だったが、“鷹の眼”も持っていた。だから、本流から外れてしまった」（戸田）。

“鷹の眼”を持ってしまうと、なぜ、本流から外れてしまうのだろうか。日々の“狙撃”に明け暮れることがつまらなくなるといった単純なことではない。“狙撃”の戦略的意味・意義を考え始め、本流の価値観を根本から覆すような発信や行動を起こす。しかし、パラダイムの違う世界では当然受け入れられない。あるいは、邪魔者扱いされる。

神谷は、メンバーの上司から「あいつは発散型で困る」とか「俺（上司）の言うことを聞かない」などと、異動を強く要請されたことが何度かあった。上司にとって御しがたかったのだろう。どこの会社でも起こることである。

しかし、富士フイルムには組織の厚みがあった。これが異能異端の人間が生き延びた唯一最大の理由だ。異端を受け入れるシェルター、伊藤は上司に医薬をやりたいと訴えたら、激怒された。追い詰められたが、担当役員が「若い人がこれほどやりたいというのだから、やらせてあげたら」ということになった。大津はデジタルプリンターの開発を担当していたときに、上司が全く理解してくれずウジウジしていたが、結局上司は独立グループをつくってくれた。小倉は、本流の材料生産技術ではない分野をやりたいと上司に訴えたら、新しいグループをつくってくれた。タスクの指示はなく具体的な課題は自分で見つけろということだった。品川は工場の技術課にいたが、高分子の研究をやりたくて、上司に訴えたら研究所に異動させてくれた。工場から研究所への異動は極めて異例だ。

異端／異能が棲息できる場がどこかにある「組織の厚み」。これがあったからこそ、生き延びられたのだろう。

第 15 章
「パラダイム変革」の運動論

企業におけるパラダイムとは、企業内の人々に共有された世界観、もののの見方であり、共通の思考前提、思考の枠組み、方法論である（『ゼミナール経営学』：伊丹・加護野）。

第7章で述べたように、技術トップ＆事務系トップに対するチャランケレポート報告会は不発に終わった。なぜ、無視されたのか。考えるうちに、その本質は「パラダイムの壁」ではないかと考えるようになった。

なぜ、パラダイムは転換しにくいのか、どうすれば転換できるのか。

◉──（1）異なるパラダイム間での論理的な説得は極めてむずかしい

既存のパラダイムは、中核事業で成功を収めてきた企業の中枢、本流で育ってきた多数が、自分たちの行動や思考様式こそが正当だと考えるものの見方である。経営環境が変われば、あるいは環境の異なる事業では、既存のパラダイムは変わらなければならない。そうでなければ、どこかで齟齬が生じる。しかし、一つのパラダイムで成功してきた企業であるほど、その転換は困難だ。

「本流の人間がメンバーに入っていれば、全然違っていたに違いない。彼らは権威を守ろうとし、議論は発展しなかっただろう」（小倉）。

保守本流の研究者は、市場パラダイムの世界に棲んでいた。だからそういうメンバーがチャランケにいたなら、空中分解を起こしてレポートはまとまらなかったというのだ。

パラダイム転換が起こりにくい大きな理由は、パラダイムそのものが目に見えにくく一種の思い込みになってしまっているからだ。よほど大きなきっかけがなければ、気づかない。そのことが肌身にしみてわかったし、異なるパラダイム間での論理的な説得は、極めて難しい。

◉—(2) 慣性のロック(鍵)がかかっている

パラダイム転換が起こりにくい二つ目の理由は、**慣性のロック(鍵)**がかかっているからだ(慣性のロックは『ゼミナール経営学』P430に詳しい)。

慣性のロックには**システムロック**(管理の仕組みや評価のあり方、業務のシステム的つながり)と**ヒューマンロック**(考え方の慣性つまり思考ロックと感情ロック)がある。ある企業では新規事業をコア事業の管理組織に入れ込んだため、事業開発段階にもかかわらず厳しく損益を要求され、縮小均衡に陥った。これはシステムロックである。よくある話だ。

しかし、手ごわいのは**"思考のロック"**だ。人間には、ついそれまでの価値観やパラダイム、慣れた思考の方法、古い習慣で判断してしまう。

富士フイルムでは、強固な思考のロックがかかっていた。不確実でWhat追求が不可欠な経営環境が迫ってきているにもかかわらず、長年のHow追求で身についた古い思考法で考え判断してしまう。古いパラダイムからの"汚染"だ。

当時の研究開発とは先行品が存在するものであり、それに追いつくことがゴールだった。研究開発の最も大事な"テーマ設定"で苦しんだ人間は役員も含め、上の世代にはいなかった。

◉—(3) パラダイム転換をトップに説得し理解を得ることは、そもそも困難なことである

大多数の企業トップは既存のパラダイムの中で成功を収めてきた。そうであればこそ、その地位に就いたのである。その人に「パラダイムを転換すべき」「トップ主導で新たなパラダイムを反映した戦略、ドメインを」と訴えても、通じないのは当然であろう。

加えて、経営者自らがパラダイム転換しようと考えても、身動きが取れない要因もある。たとえば、利益確保の問題である。当時、他社の人から「富士フイルムはいいですね。高収益だから何でもできるでしょう」とよく言われたものだ。しかし「それは違います。いったん高収益を出してしまったら、自縄自縛。利益を確保するため必死の努力です。利益には下方硬直性があります」と答えていた。利益が投資家や株主からの通信簿になってしまい、リスクのある思い切った戦略転換に立ち塞がるのだ。

やはり、パラダイム転換を、トップ主導で行うのは不可能と考える方が自然だった。

提案すること自体は意味がある。経営陣がどのようなパラダイムで動いているのかが明確になり、その"壁の厚さ"も実感できる。だが、チャランケの失敗は、「論理で説得すればわかってくれるかもしれない」との期待に陥ってしまったことだろう。

◉――(4) ミドルによる突出～パラダイム転換のモデル(具体的な成功例)をつくり出す

少しの期待を持ったがゆえ、われわれは技術トップと事務系トップの「紳士的な無視」にがっかりしてしまった。そのため、「われわれがとるべき戦略」の議論に甘さが出た。"少しの期待"のなせる結果である。

がっかりした中で作成した"チャランケレポートII"は、今、読み直してもなかなかの力作であるが、各論併記となっており、戦略やストーリー性が弱い。これは、経営陣に対して『われわれはこう考えます。あとの判断はお任せします』的なスタンスになってしまったことに起因したのだろう。

もし、「異なるパラダイム間の説得はきわめて難しい」「旧パラダイムでの大成功者には強固な思考のロックがかかっている」という前提を持っていれば、そのあとの展開は変わっていたかもしれない。経営陣はどうあろうと、がっかりしないで次の“待ち伏せ戦略”をあらたに考えたかもしれない。われわれの“見誤り”だ。

では、経営陣に期待することなく、どのように待ち伏せられるのか。『ゼミナール経営学』では、「パラダイム転換のためには、新しいパラダイムが創造され、しかもそれが具体的なモデルとして提示されていなければならない。パラダイムという言葉を最初に使ったクーンによれば、『パラダイムとは一般に認められた科学的業績で、一時期の専門家に対して、問いと答え方のモデルを与えるもの』である。パラダイムは、抽象的なコンセプトによってではなく、**実体を持つ手本を通じて**人々の間に受け入れられていくのである」。

チャランケ終息後もメンバーはそれぞれの持ち場で戦い続け、そのモデルをつくっていく。第3幕だ。チャランケが**『ミドルの突出集団』の先鞭となった**のは確かだ。

第10章で詳しく紹介したので、ここではポイントのみを記述する。

＊宮原は、短波長のSHG（Second Harmonic Generation）レーザーの開発に邁進。さらにSHGを搭載した、Dipp（Digital Photo Printer）構想（1993：従来のアナログミニラボに代わるデジタルミニラボ）の中心メンバーとして、より美しい画像をつくり出し、競合他社との差別化を図るとともに、銀塩感材感材開発部門の負荷低減を狙った。紆余曲折を経て、初代「デジタルミニラボ・フロンティア」が市場投入された（1996）。

発光素子（SHGレーザー）や光プロセス素子を社内で開発する全社承認を受けたのは1990年、チャランケレポートの発表後、2年が経過していた。

＊品川がリーダーとなり1992年につくり上げた「**WVフイルム**」。お手本があったわけではない。1990年当時はまだ、TN-TFT方式は未開拓であった。ニーズ探索のためメーカーを歩き回るなかで、「これからはTN-TFTの時代。TVには視野角拡大が必須」との囁きを

キャッチ。1992年、6か月の苦闘を経て、商品化。先発かつ技術優位性があり、圧倒的なシェアを占めた。

銀塩感材はデファクトスタンダードがあるので、顧客ニーズを探索する必要は全くない。顧客ニーズには鈍感になる。その「銀塩中華思想」の足研に在籍しながら、市場に存在していなかったWVフイルムをつくり上げたことは、信じられないほどの偉業だった。

＊小倉がつくった**「写ルンです」のリサイクル、リユースの大量生産技術**。それまですべて外部購入であったストロボやキセノン管を内製化し、ユニット組立て技術をゼロからつくり上げた。さらにリサイクル、リユースの自動ラインを実現し、品質・コスト面で事業の発展に大きく貢献した。一世を風靡した大ヒットはこの生産技術抜きには語れない。特筆すべきは、製品設計段階からリサイクルを考えた製品構造の提案、自動化技術まで、生産技術がこの事業全体のハブ機能を果たしたことだ。

＊戸田はオランダ赴任中、「海外から富士フイルムの組織風土を変える」を基本に、オランダ、欧州の強みが生きる、本社でやっていないテーマ、いつか会社の、社会のためになるという3つの条件で課題を選んだ。信じられないほどの逆風が吹いた。それも単なる社内政治起因で、立ち向かうには馬鹿力が必要だった。

◉――（5）『ミドルの突出』の意味

「組織全体のパラダイム転換を起こすために、中心的な役割を占めるのはミドルである。新しい様式や商品は、現場や市場の情報とトップの意図の双方の情報に接触できるミドルによってのみ生み出される。それを『突出』というのは、一部のミドルが先頭を切って、あるいは群れから突出して変化をリードし、体現していくからである。その突出が、あとに続く波及の源泉になる（『ゼミナール経営学入門』）。

チャランケは少数『突出集団』だった。初期の経営陣との対決では、具体的なモデルを示したわけではなかった。しかし、チャランケで育ったメンバーはチャランケを支えにして、それぞれ自分の持ち場で奮闘し、モデルをつくった。「この段階で何よりも重要なことは、まず成功の実績をつくり上げることである。実績こそが新しい発想の有効性を人々に説得する証拠となる」(『ゼミナール経営学』)。メンバーが惹起したモデルは、パラダイム転換の実体であり、波及していくためのタネでもあった。この段階では経営陣は脇役に過ぎない。

ただ、経営陣を脇役においたままでは、会社全体のパラダイム転換にはつながらない。「変革の連鎖反応」を起こさなければ、「突出」はそれだけで終わってしまう。トップと「共振」し、「連鎖反応」を起こす必要がある。

◉──(6)「変革の連鎖反応」と「新しいパラダイムの確立」

チャランケメンバーが起こした突出行動は、経営数字的に見ると大きな意味があったが、2000年代初めまでは、新しいパラダイムへの連鎖反応は起きつつあるようには見えなかった。

相変わらず銀塩感材は伸張し、経営トップのスタンスは変わらない。

メンバーの「突出行動」は、それだけのことに終わってしまいそうだった。

潮目が変わったのは、2003年半ばである。経営トップが代わり、稼ぎ頭だった銀塩感材が急速に、それも予想を上回る規模とスピードで衰退し始めた。どの方向に舵を切るのか、深刻な局面であったに違いない。既存のパラダイムではやっていけないことが明白となった。2004年には2009年目標の第2の創業『V75戦略』が立案された。そこでは7,000億円のM&Aがうたわれていた。

宮原は言う。「自らが滅亡／衰退する危機に陥り、新たなパラダイムでないと生きていけない状況が生まれない限り、変革はムリ」。その状況が“突然”訪れたのである。「ある日突然」ではないが、経営者の感覚としては、それに近いものだったろう。そして、期を同じくして、何人かのチャランケメンバーが経営に入っていく。アウトサイダー集団が、いつの間にか、経営の本流を歩み始める。大変動の時代だから、チャランケのような人間が必要とされたのだろう。

だが、奮闘するも道は悪路、既存のパラダイムは崩れるとは思えない頑強さで、メンバーのエネルギーを吸い取っていった。社内の抵抗は激しかったが、最終的には、経営トップとともに技術トップになった戸田が、"ライフサイエンス""Total Health Company"の方向に技術陣を牽引していった。

ここではっきりしたことは、経営トップと共振しないと連鎖反応は起こらないということ。やはり、「企業はトップ次第」なのだ。

そして、パラダイム転換が抽象的な次元に留まっている限り、新しいパラダイムは確立できないことも示唆している。「戦略ビジョン」として、"具体的に"裏打ちされる必要があるのだ。そこで初めて、多くのミドルが具体的に動き出す。

さらに宮原は言う。「パラダイム転換には『時』『人』『場』の共鳴が必要である」。経営環境と旧来のパラダイムとの不適合が誰の目から見ても明確になった『時』。『場』とは、具体的な戦略目標や戦う土俵の提示。これはトップ自らがつくらねばならない。『人』とは、突出したミドルと経営トップだ。「役員層」ではダメで、「経営トップ」だ。

この3つが共鳴し、初めてパラダイム転換への大きなうねりが起こり、富士フイルムは新しい道を歩み始めた。

チャランケの最初の提案は1988年。では『時』は早過ぎたのだろうか。

その答えはよくわからない。早すぎたのかもしれないし、早すぎはしなかったかもしれない。旧パラダイムが新たな経営環境に不適合を起こす『時』が急に訪れると、古い岩盤は激しい揺れで粉々になってしまう。その『時』のための戦略準備や新たな戦略の受け手となる『人と組織』が不可欠だろう。それには時間がかかる。

チャランケの最初の提案ではびくともしなかったように見えた強固な

岩盤は、多くのミドルの共感や陰ながらの役員層のサポートで、割れ目が少しずつ入り始め、その後、メンバーそれぞれが突出モデルをつくっていた。そのようにして、その『時』が来たときに混乱なく砕けるための準備が整っていたと考えるのは甘いだろうか。WVフイルムというSuper Fine Chemistry分野での事業が柱に育ち、ライフサイエンス分野へも手も打たれ始めていた。さらに『人』の側面では、レベルの高い戦略思考力を持つミドルが育っていた。経営トップが戦略転換を打ち出すときに、「人と組織」の受け皿の準備ができていたのではないだろうか。

時間は長くかかったが、「究極の待ち伏せ戦略」として、チャランケの活動が歴史的な転換期を大きな混乱や破綻なく、新たな方向に歩み始めるための一石になったとしたら、"早すぎた"としても、本望だ。

おわりに

チャランケ物語を振り返る中で、強く感じたことを、最後に記したい。

☆なぜ4年半も活動できたのか～エネルギー源は「場の力」「おもしろい」「すっきり」

チャランケの活動を知った多くの人からよく言われる。「これだけのことを」「若いミドルが」「長期間にわたって」「よく頑張れましたね」と。どうやら、フツーのミドルはこんなことはやらない、できないらしい。チーム活動は月1日を基本に、4年半続いた。なぜ、これほどの長期間、しつこく、最後まで無欠席で活動できたのか。

発足時は、会社の将来や技術政策に対する危機感、誰もやらないのなら俺たちがやるという使命感がメンバーを引っ張った。自分たちの提言で、会社が変わるかもしれないという期待も湧いてきて、それらがエネルギー供給の原動力になっていた。

しかし、第1幕が不発に終わり、その期待は幻想だと知ることになる。経営陣との戦いに挫折し、無力感を味わった後も、なぜ続いたのだろうか。危機感は変わることはなかったが、使命感は少ししぼんだ。正直なところ、第2幕に入って、テーマによっては関心が低下していたと語るメンバーはいるが、それでも無欠席で議論は続いた。なぜ続いたのか。『場』の力だったと神谷は考えている。「あのメンバーと議論すると、おもしろかった。楽しかった。終わった後はストレスがすっかり解消していた」（世羅）。「参加するメリットがないと続かない。今の仕事に役立つ、異質の情報、異質の世界を知ることが興味深かった」（宮原）。第2幕に入っても、この「おもしろい」「メリットがある」がずっと継続していたというのだ。

神谷の場合、議論を通じていろいろな経営現象が解き明かされていく快感があった。何かわからない力に引きずられている感覚から、霧が晴れていく爽快感が何ともいえず心地良かった。

「経営の勉強になる」という理性の世界や、「会社の将来を憂えて」という「べき論」の世界ではない。「おもしろい」「すっきりする」「得する」「みんなと会って議論したい」という、少年のような感性の反応かもしれないが、それが圧倒的なエネルギー源になっていた。

翻って、日常の仕事は『場』の引力は乏しく、「やらねばならぬ」がなんと多いことか。ワクワクする『場』や『仕事』が少なすぎる。大量迅速処理の山、重箱の隅をつつくばかりでは、ヒトは燃えない。その大きな原因は経営者が小さい絵しか描けないからではないか。経営者の責任は大きい。

☆「変革」とは、批判・中傷に耐えること

直近でチャランケの講演をした折、質疑の最後にファシリテーターを務める加藤俊彦先生（一橋大学教授）から「やっていて、恐怖を感じたことありませんでしたか？」と質問された。咄嗟に「怖いと感じたことはありません。もし、経営者の不興を買うのなら、本望だと思っていました」と答えた。綺麗ごとに聞こえるかもしれないが、ほんとうに怖かったことはない。真正面からぶつかって跳ね返されるなら、悔いはない。そんな気持ちだった。他のメンバーもそうだったろう。周囲からの「雑音や中傷」は応えはしたが、「言いたい奴には言わせておけばよい」と捨て置ける余裕はあった。「会社の将来のため」という大義を確信し、志を同じくする仲間がいたからであろう。

チャランケの活動への表立っての「批判」はほとんど聞いたことはなかった。提案された技術戦略は次元が全社レベルで抽象的なので、他人事として、表立って批判する必要がなかったのだろう。

しかし、第Ⅴ部「チャランケ第3幕：職場でも戦い続けた」で紹介した

とおり、それぞれが担当分野で従来の価値観や利害が対立する行動を起こすと、多くの利害関係者が登場し、すさまじい逆風にさらされることとなった。関係役員からの名指し批判、直属上司や関連部門からの圧力、果てはトップまで登場しての制止は、相当応えたに違いない。

だが、信じられないほどの逆風に耐えてこそ、志が遂げられる。

その逆風に立ち向かうエネルギーはどこから供給され続けるのか。**「同志の心の支え」「深く考えられた高い志」「己の馬鹿力」**(戸田)、この3つが揃って初めて変革は成し遂げられるのではないだろうか。

☆ 自由と自由感

「富士フイルムは、自由感はないが自由な会社ですね」。伊丹があるとき、こう漏らした。神谷の行動を見ていて、そう感じたという。「フツーの会社なら、部長研修やチャランケのような全社に関わる大きな課題は、『一担当課長の分際ではそれは無理』と言いますよ。それを口では『窮屈で窒息しそう』と言いながら、自由に動き回っている」と。最初はよく理解できなかった。

目先の商品開発偏重で非創造的と、将来への不安を訴えても、いつまでも届かない、トップとミドルの風通しの悪さ。戦略の大きな絵姿は描かれず、トップからは細かい管理ばかり。典型例として、海外出張や総合職全員の人事異動が社長決裁だった。窒息感と経営不信が全社に蔓延していた。

しかし、チャランケの話を聞いた他社のミドルは、「課長層がよくそんなことをできましたね」と驚く。「自由な会社でうらやましい」と思うようだ。

伊丹に言われたときにはわからなかったが、考えてみると、そのとおりだ。チャランケでこの話題を出すと、多くが「伊丹の言うとおりだ」と言う。「新規事業提案には厳しいけれども、カネの余裕、研究の余裕があり、日常のカネの流れは比較的自由。思い入れが強い人間は個人的に動き回っていろいろなテーマをやっていた。探せばカネはあった。他社と比べ、課長でも決裁権限は大きいと思う」(世羅)。

「管理のメッシュ」がやたらに細かい部分と、自由に動き回れる部分が同居していた。その細かい部分と風通しの悪さが自由感を削いでいた。

では組織全体が自由感を失うと、どのような問題が起きるのだろうか。

自由感のなさから生じるモチベーションや組織の活力低下は、主体性を失わせ、発想が縮こまり、大きな絵を描こうとしなくなる。そうするとネットワークが狭くなり、情報が同質化し、自己変革能力も低くなる。まさにそうなりつつあったのだ。富士フイルムは本来、異質な情報を持つ人間も含め、個々が自由に動き回り、それを許容することによって、組織の柔軟性が保持され、活力が保持されてきた企業だ。だからチャランケメンバーは生き残ってきた。しかし、個人の自由度確保という良さが壊れつつあった。自律分散型のマネジメントで成長発展してきた企業に、管理過剰の細かい管理システムが入ってきて不適合を起こしつつあった。これはマネジメントシステムの誤用、はき違えだろう(神谷注:伊丹はこの問題を「経営組織における個の自由とホロニックインターアクション」『マネジメントファイル'90』筑摩書房　で取り上げている)。

「自由と自由感」の問題は、どんな組織でも本質的な課題である。組織というのはある目標に向かって、方向性を与え、構成員を導き、そのために経営者や管理者が「組織を統率」していく。それが行き過ぎると、個々人は息苦しくなり窒息する。個々人が死んでいくことになる。一方、統率が緩むと、組織のベクトルや凝集力が弱まり、バラバラになって経営目標の達成は望めない。このジレンマをどう考え、どう解決すべきか。

神谷がかかわりを持った企業の中に、過度な統率で個々人が喘いでいる企業がある。経営管理指標で厳しく管理し、成果の刈取りでは実績を上げているが、自由感は全くなく個々人の大きな絵を描く能力は乏しく、ピース化している。これでは、現在のビジネスモデルが崩壊するときが到来したとしても、自己変革はとうてい無理ではないか。

別の企業では、個人の自由を最大限尊重している。しかし、経営不在、マネジメント不在、構成員は自由で育ちの良いホンワカ集団、甘い体質だ。個人の自由が尊重されているようだが、個人が企業組織の中で活きているようには思えない。

両極端の例になったが、富士フイルムにおける「自由感のなさ」の原因は、自立分散型のマネジメントに適合しない過剰な管理、銀塩体質と呼ばれる同質性からくる多様性の欠如、トップとの間に横たわる風通しの悪さ、そのために浪費される過大な時間やエネルギー、であった。

では解決策はあるのだろうか。伊丹は「自由のポケット」を組織の中に設けることが一つの解決策だと言う。組織全体の「秩序形成」や「管理の網の目」からの隔離港、個人の自由な行動への正当性を組織として認める場をつくることではないか、と。

多少の罪悪感の中で、昼食時にビールを飲むことが、日常カルチャーからの脱却の始まりだったと語る何人かのメンバー。納期なしに納得いくまで議論する楽しさ。職場の仲間とは違う多様な情報を持つ同志。「忖度なし」にはっきりと主張することを許されたレポート。チャランケは「自由のポケット」だった。そして、社内でこのような自由な活動が許されるというレジェンド(伝説・神話)が、フツーの社員に伝わっていった。自由感のマネジメントは個人のモチベーションを超えて、企業の自己変革能力、大きな絵を描ける経営人材育成にとって重要な課題だ。

☆ チームの異質性(4種類の人間)

チャランケは個性の強い異質・異能の人間が集まったと書いたが、どのような種類の人間が集まり、相互作用を起こしたのだろうか。このことを考えるときにはいつも、宮原がよく語る、「アメリカの社会学者マイケル・マコビーによれば、企業組織には4種類の人々が棲息する」という話が思い浮かぶ。この4種類の人間がチャランケには確かに存在して、そして、それがうまく協働した。

・Company man：組織の中で調和して役割を果たすことに楽しみを見い出す
・Games man　：思いを周囲と調和させる“ゲーム”として楽しみを見い出す
・Jungle fighter：立ち塞がる困難に道を付けることに楽しみを見い出す
・Crafts man　：得意分野や専門分野を深め、発展させることに楽しみを見い出す

一人ひとりにレッテル貼りをすることが目的ではないが、チャランケにおいて異質、多様な人間が協働した事例として、あえて4人のみレッテル貼りを許してもらった。

宮原は自らをGames manだという。「非凡なGames man」。“技術の核”の3要素を抽出し、「新しい2つの“ドメイン”と戦略としての3つの“技術の核”(図4)」「新しいドメインの位置づけ(図5)」「EI事業をやる意味(図8)も、宮原が(勝手に)作成して会合に持ってきた。みんなで議論した結果をまとめたのではなく、宿題で持ち帰ったものでもない。新しい視点が加えられており、本質をえぐる洞察に全員が驚いた。おそらく議論の後に、好奇心がむくむくと湧き上がり、夢中で考えたに違いない。彼には至福の時間だったろう。

伊藤は「とりつかれたCrafts man」。「有機合成技術とそれを発展させた医薬事業」のことで頭の中は占められていたに違いない。「機能性材料技術」の議論では、彼の見識なしでは浅い結論に終わっていただろう。自分の信じた道(有機合成道？)を究める姿勢も大きな影響を与えた。今(2020)なお、合成の実験をしているそうだ。

世羅は「尖ったCompany man」。チャランケレポートは全員で分担して書いたが、戦略や自社の現状に対する全体観や洞察力、経営者に訴える鋭い切り口の表現に優れ、卓越した編集者であった。全体ストーリ

ーを組み立て、章立てを考え、他のメンバーからの原稿に手を入れた。凡庸なCompany manが多い中、異彩を放っていた。本人は、自分は有機合成の研究者が原点であり、Crafts manだと主張するかもしれないが、そこを突き抜けて、Company manに変身したのではないだろうか。

戸田は「生来のJungle fighter」。既存の枠組みへの安住、既得権を守ろうとする動きには強烈な闘争心が溢れ出る。さらに、雑学も含め好奇心が旺盛で視野が飛び抜けて広い。明るくてオープンで、パワフル。パッション、Will、志が、存在の根幹だろう。「突破力」が抜群だ。

チャランケメンバーはキャラが立っているが、その異質の個性が協働できた最大の要因は、それぞれの持つ卓越したスペシャリティがベースにあったからに違いない。彼らからは“ゼネラリスト”“エキスパート”ではなく、“卓越したスペシャリスト”の香りがする。そのスペシャリティが卓越しているからこそ、その専門分野を突き抜けて、広い視野、高い視座、世界観を持つことができた。それぞれの個性も異質だったからお互いが魅力的で、尊敬できたのだろう。そして、絡み合いながら、リーダーを決めずとも、自走した。それに加えて、「場の魅力」と「志の高い戦略目標」が共振したのだ。

☆ 学習性無力感に注意／ミドルが起爆剤に

仕事には真面目に取り組んでいるが、将来に明るい展望を持てず「閉塞感」や「無力感」に襲われているミドルによく出会う。だが、神谷には『危機の二重底（会社に対する危機感の底に、さらに何も行動しない、できないミドルが澱んでいる）』のように見える。

「このままではわが社はダメだ」と嘆くが、『くれない症候群（上は何もしてくれない）』に侵され、自らは何も行動を起こさず、どこかで他人事になってしまっている。その結果でもあるが、『What』を第1人称で考えない、戦略構築力の乏しい『How人間集団化』が進行している。本当に心配だ。

とはいえ、ミドルが閉塞感や無力感に襲われる気持ちはよく理解できる。現実の会社はトップ次第、そう簡単には変わらない。自分に何ができるのか、何か仕掛けてもうまくいくはずがない。これまでも壁は厚かった。周囲も「どうせうまくいかない」とあきらめムードだ。

神谷にも経験がある。経営トップに新しい施策を提案したいと上司に掛け合うと、「それはどうせつぶされる。(自分は)無駄仕事はやりたくない」とあきらめるように諭された。今もそのときの上司の表情を鮮明に覚えている。それからは、その件を考えるのをやめてしまった。思考停止だ。今考えると、それぐらいの反対で降りてしまうのだから、我ながら情けない。

われわれは何度かそのような経験をし、あちらこちらで同じような話を聞かされると、見事に「学習性無力感」に罹患してしまう。チャランケでも、第2幕で「紳士的な無視」に遭遇した、そのことで「(何を言っても)犬の遠吠え」的な感覚が生まれ、展開シナリオが甘くなっていた。知らず知らずのうちに、「学習性無力感」に罹っていたのだ。

厄介なのは、この「学習性無力感」は、「どうあがいても乗り越えられない現実」なのか「闘争心を失った自己弁護」なのか、よくわからないところである。

だが、待っていても、嘆いていても、期待していても、それだけでは会社は何も変わらない。「深く考えられた高い志」実現のために、ともに戦う「同志」と連帯し、「己の馬鹿力」で突破を試みてはどうか。その先に見えるものが明るい未来でなく、たとえ見慣れた澱んだ光景であっても、「善戦した」爽やかさは残るだろう。

おまけ：その後のチャランケメンバー

◇富士フイルムで役員：3名

副社長兼CTO
執行役員技術戦略部長
フェロー

◇退社し大学教授に転進：2名

◇専門分野を活かし起業：2名

◇50歳で医者に転進：1名

◇その他のメンバー：社内で部長職を担った後，グループ会社役員などに

現在も、家族ぐるみで、海外・国内旅行を初め、2回／年の集いを定例的に開催している。2018.4に小倉がJR全線を完全踏破したときには、そのお祝いとして、宮原が手づくりの蒸気機関車D51動輪模型の記念プレートを作製し、贈呈式を行った。おかしなグループだ。

謝辞

大げさかもしれないが、チャランケの活動は、当時の経営体制のなかでそれぞれが感じていた抑圧感に対する自己解放願望の発露であり、生き方の表現であった気がする。そう書き記したくなるほど、刺激的で昂揚感に満ちた経験の連続であった。

30年の時を経て、その経験を今このような形で自分の中に沈着できたことは、人生の終盤期にある私にとってとても価値のあることだとしみじみ感じている。

こんな幸せな機会を与えてくださった仲間や多くの関係者の皆様方に心から御礼申し上げたい。まずは伊丹敬之先生を含めたチャランケの皆さんに心から感謝申し上げたい。伊丹先生がいなければチャランケは生まれていなかったし、経営学／技術戦略について浅い理解しかなかった私にとっては精神的理論的な支柱であり続けた。まさに「困ったときは伊丹頼み」「師」だった。メンバーの皆さんには大きな影響を受けた。その志の高さ、それを実現しようとする情熱、いつも本質を考え続ける卓越した思考力、人間的な魅力など、常に刺激的な存在だった。まさに「戦友」であり、今回の執筆に当たっても、古い記憶を辿りながらではあるが、とても示唆的な言葉をもらった。一生の友である。

一橋大学の加藤俊彦先生は、チャランケの今日的、経営学的価値を認めていただいただけではなく、書籍として出版することを強く勧めてくださった。富士フイルム時代からのお付き合いであるが、特に近年は様々な企業のミドルとの議論の場において、多くのことを学ばせていただいている。私に自信と執筆へのエネルギーを注入してくださった「恩人」である。また、本書の原稿にも目を通していただき、骨格や細かい表現に至るまで様々な示唆を与えてくださった。心から御礼申し上げたい。

同じく一橋大学の田中一弘先生、藤原雅俊先生にはさまざまな場面で経営学について学ばせていただいているが、それにとどまらずチャランケに興味を持っていただき、出版を「楽しみにしている」との言葉を何度もいただいた。私にとってどれほどの励ましになったかわからない。

2003年に戦略人材開発研究所を開設以来、ともに働き、学んできた鎌谷宮子さんにも本当にお世話になった。企業勤務経験はなかったが、無類の読書家で哲学、心理学、文学、小説など、私の足らざるところをカバーしてくれた。チャランケの活動や多くのメンバーを知っていた彼女は、本書の執筆に当たっても、構成から文章表現に至るまで、鋭い指摘をしてくれた。私とは持ち味や興味の対象は相当違うが、ダイバーシティの醍醐味を感じさせてくれる存在である。

チャランケのメンバーではなかったが、人事部で同僚であった乗井靖雄さんと住田孝司さんにも心からの感謝の気持ちをお伝えしたい。乗井さんは部長研修以来、富士フイルムの変革をともに志した盟友だった。チャランケの会合にもよく顔を出してくれ、議論やお酒や温泉を楽しんでいる風情で、心を和ませてくれた存在でもあった。先年亡くなられてしまったのが、本当に残念である。住田さんも私たちと志を一にした大切な仲間である。いつの間にかメンバーの一員になり、今や名幹事として、懇親会を取り仕切ってくれている。今回の出版を心待ちにしている様子がよく伝わり、私のエネルギー源であった。

本書を執筆中になぜか意識していたのは、メンバーの奥様方である。旅行や会食で何度もご一緒したが、チャランケは何をしていたのか、おそらく断片的にしか知らないのではないか、といつも気にかかっていた。この書がわれわれの活動や志を理解していただく機会になれば、なんと素晴らしいことだろう。

本書では、変革を妨げる存在のように受け止められたかもしれないが、当時の経営トップ、技術トップのお二人には格別の敬意を表したい。われわれと考え方は違っていたが、富士フイルムでの多大な功績に些かも傷がつくものではない。残念ながらお二人ともすでに鬼籍に入られてしまったが、今もしインタビューできたらもっとさまざまな視点が広がったに違いないと残念に思う。心からご冥福をお祈りしたい。

出版に当たり、㈱ダイヤモンド社代表取締役社長石田哲哉さん、㈱ファーストプレス代表取締役社長上坂伸一氏には格別のご配慮をいただいた。石田さんは30数年のお付き合いであるが、丹念に私の原稿を読んでいただき、率直な感想をいただいた。上坂さんとは初めてのご縁ではあるが、私の勝手な意を受け止めていただき、満足感の高い書籍に仕上げてくださった。厚く御礼申し上げたい。

最後になったが、私の家族にも謝意を伝えたい。妻の都には当時、幼い子供たちを置いて行く先だけしか言わず、出張を続けていた。そして今回は、執筆のために何度も山籠もりする私のために大量の食糧を準備し、快く送り出してくれた。今なお、原稿を見せていないが、完成したこの本に対してどのような感想を持つのだろうか。二人の娘はそれぞれ中学生のころ、チャランケツアーで一緒に海外に出かけた。異国の自然や文化に触れる刺激的な旅だったと思うが、おじさんたちに囲まれ、毎夜の酒盛りである。チャランケに対して、どのような印象を持っていたのか、定かには知らない。

三人の家族にとって、私の歩んだ道の一端がこの本によって理解できたとすれば、とても満足である。

2020年11月　　神谷隆史

【著者プロフィール】

神谷 隆史（かみや・たかし）

戦略人材開発研究所代表／元東京理科大学大学院イノベーション研究科MOT専攻教授

1970年富士写真フイルム㈱入社。同足柄・富士宮工場人事勤労担当の後、1983年より人事部。人事部長、取締役会室長を経て、2003年8月戦略人材開発研究所設立。

2004年4月、東京理科大学大学院総合科学技術経営研究科（MOT）教授に就任し、リーダーシップ論、組織行動論、ゼミ研究などを担当。

2013年3月　東京理科大を退官。戦略人材開発研究所代表として今日に至る。

著書に「無から生みだす未来～女川町はどのように復興の軌跡を歩んだか」（PHP研究所）「経営改革を進める役員マネジメント」（共著、経営書院）

チャランケ物語

富士フイルム変革「敗戦」記

ミドルが仕掛ける企業変革

2021年1月18日 第1刷発行

◉著　者　神谷 隆史
◉発行者　上坂 伸一
◉発行所　株式会社ファーストプレス

〒105-0003　東京都港区西新橋1-2-9 14F
電話 03-5532-5605（代表）
http://www.firstpress.co.jp

装丁・DTP　株式会社オーウィン
印刷・製本　京葉流通倉庫株式会社

ISBN 978-4-86648-015-2